国防科技大学建校 70 周年系列著作

远程光纤水听器系统非线性效应

孟 洲 陈 伟 胡晓阳 著

科学出版社

北 京

内 容 简 介

本书主要介绍远程光纤水听器系统中的非线性效应，针对系统特点提出了受激布里渊散射、调制不稳定性等非线性效应及其相位噪声的影响和抑制方法，并给出实际远程光纤水听器系统的相位噪声测试结果，解决了光纤水声探测距离提升时的非线性问题，可用于光纤水下预警探测系统的长距离构建。

本书内容丰富、实用性强，适合高等院校和研究机构光学专业的师生参考，也可供从事海洋探测、海洋装备与工程、光纤传感的技术人员和科研人员阅读。

图书在版编目（CIP）数据

远程光纤水听器系统非线性效应 / 孟洲，陈伟，胡晓阳著. — 北京：科学出版社，2024.6

ISBN 978-7-03-076265-8

Ⅰ. ①远… Ⅱ. ①孟… ②陈… ③胡… Ⅲ. ①水听器－研究 Ⅳ. ①TB565

中国国家版本馆 CIP 数据核字（2023）第 163915 号

责任编辑：任 静 / 责任校对：胡小洁
责任印制：师艳茹 / 封面设计：无极书装

科学出版社 出版
北京东黄城根北街 16 号
邮政编码：100717
http://www.sciencep.com

北京九州迅驰传媒文化有限公司印刷

科学出版社发行 各地新华书店经销
*

2024 年 6 月第 一 版 开本：720×1 000 1/16
2024 年 6 月第一次印刷 印张：12 1/2
字数：252 000

定价：**128.00 元**

（如有印装质量问题，我社负责调换）

总　　序

国防科技大学从 1953 年创办的著名"哈军工"一路走来，到今年正好建校 70 周年，也是习主席亲临学校视察 10 周年。

七十载栉风沐雨，学校初心如炬、使命如磐，始终以强军兴国为己任，奋战在国防和军队现代化建设最前沿，引领我国军事高等教育和国防科技创新发展。坚持为党育人、为国育才、为军铸将，形成了"以工为主、理工军管文结合、加强基础、落实到工"的综合性学科专业体系，培养了一大批高素质新型军事人才。坚持勇攀高峰、攻坚克难、自主创新，突破了一系列关键核心技术，取得了以天河、北斗、高超、激光等为代表的一大批自主创新成果。

新时代的十年间，学校更是踔厉奋发、勇毅前行，不负党中央、中央军委和习主席的亲切关怀和殷切期盼，当好新型军事人才培养的领头骨干、高水平科技自立自强的战略力量、国防和军队现代化建设的改革先锋。

值此之年，学校以"为军向战、奋进一流"为主题，策划举办一系列具有时代特征、军校特色的学术活动。为提升学术品位、扩大学术影响，我们面向全校科技人员征集遴选了一批优秀学术著作，拟以"国防科技大学迎接建校 70 周年系列学术著作"名义出版。该系列著作成果来源于国防自主创新一线，是紧跟世界军事科技发展潮流取得的原创性、引领性成果，充分体现了学校应用引导的基础研究与基础支撑的技术创新相结合的科研学术特色，希望能为传播先进文化、推动科技创新、促进合作交流提供支撑和贡献力量。

在此，我代表全校师生衷心感谢社会各界人士对学校建设发展的大力支持！期待在世界一流高等教育院校奋斗路上，有您一如既往的关心和帮助！期待在国防和军队现代化建设征程中，与您携手同行、共赴未来！

国防科技大学校长

2023 年 6 月

序

近年来，海洋在国家安全战略中的地位愈发突出，关心海洋、认识海洋、经略海洋的观念也愈发深入人心。而光纤水听器系统作为人类探测海洋的一种新兴手段，在军事和民用方面都具有非常重要的意义，对于我国国防领域的水下预警体系建设和国民经济领域的海洋资源勘探，日益起到不可替代的作用。

光纤水听器系统在发展过程中，随着系统规模的不断扩大和光纤传输距离的持续增长，之前未得到重视的光纤非线性问题逐渐凸显，成为限制光纤水听器系统探测性能的重要因素。国防科技大学孟洲教授带领团队长期致力于光纤水听器系统相关研究，在光纤水声探测领域具有深厚的研究基础和学术积淀。该团队在国内较早意识到远程光纤水听器系统中的非线性效应及其噪声问题，尤其是对于光纤受激布里渊散射、调制不稳定性和四波混频等效应开展了长期而深入的研究。

经过多年的研究和迭代，该团队已深入探索了各种光纤非线性效应的作用机制和对远程光纤水听器系统的影响机理，针对系统特点提出了各种效应及其噪声的抑制方案，并结合团队自主研制的系统，运用这些方案达到了良好的系统性能，为远程光纤水声探测系统的发展和我国水下预警体系的构建提供了重要参考。

该书立足于孟洲教授团队长期的科研积累和持续攻关，具有鲜明的问题导向，对于致力于远程光纤水声探测技术和工程的科研人员和技术人员而言，这是一本非常有价值的参考书。同时，该书在结构上层层递进，具有很强的可读性。比如，对于受激布里渊散射和调制不稳定性等非线性效应的抑制，首先介绍光纤中通用的抑制方法，再详细阐述适用于远程光纤水听器系统的抑制方案，使得该书提供的技术方法既有普适性又兼具特殊性，有助于读者建立对远程光纤非线性问题的整体认知。

该书结构完整，观点鲜明，论证有力，提出的技术方案创新性强，具有极高的学术价值和重要的应用价值。相信本书的出现会在业内产生强烈的反响。我很高兴能看到本书的出版并为之作序，也对该团队继续深入推进光纤水听器系统创新研究寄予厚望。

中国工程院院士

2023 年于湖北省武汉市

前　言

自 1977 年光纤水听器的首篇论文问世以来，光纤水听器在水下目标探测、石油天然气储层勘探和地震监测等领域的应用前景受到了世界各国的高度重视。各发达国家的有关部门及研究机构相继投入大量人力和物力，积极从事光纤水听器的研制和开发。国内光纤水听器研究起步较晚，但从"七五"以来，国内多家单位已在基础原理到试验应用的多项关键技术上取得了重大突破。随着以掺铒光纤放大和光纤拉曼放大为代表的光放大技术的进步，光纤水听器系统朝着远程化方向发展，在远程传输距离增加的同时也不可避免地加剧了光纤中的非线性效应，成为制约光纤水听器系统性能的主要因素。因而远程光纤水听器系统中一系列光纤非线性效应的科学和技术问题值得高度关注和深入探讨。

与大功率激光直接产生的非线性效应有所不同，远程光纤传输中的非线性效应是通过在光纤中的长期积累逐步产生作用的。同时，与光纤通信系统以误码率作为主要性能指标不同，对于光纤水听器系统尤其是干涉型光纤水听器系统而言，相位噪声是其主要性能指标，因为相位噪声决定了系统的检测灵敏度。因此，对远程光纤水听器系统非线性效应开展深入研究，既对非线性光纤光学的发展具有普适性意义，又对光纤水听器的发展具有特殊性意义，是一项非常重要的基础性工作。

光纤非线性效应研究的内容非常丰富，包括受激布里渊散射、调制不稳定性、四波混频、受激拉曼散射、自相位调制、交叉相位调制等效应的影响、抑制及应用等，这在 Govind Agrawal 的经典著作《非线性光纤光学》(中译版)中得到了充分体现。尽管该著作已更新至第五版，但其定位始终是一本教材，缺乏对光纤水听器这类实际应用系统中光纤非线性效应的讨论，这对于我国光纤传感领域的研究者来说，不能不说是一个巨大的遗憾。同时，光纤水听器系统非线性效应的研究具有复杂性和前沿性，各种非线性效应的影响及其抑制技术研究都要结合系统的实际应用展开，对于我国最新设计和布放的远程光纤水听器系统都有重要的指导意义。因而，专门、系统、深入地对远程光纤水听器系统非线性效应进行阐述和总结的专著，是相关领域的科技工作者和研究生们所迫切需要的。本书基于上述考虑，并恰逢出版"庆祝国防科技大学建校 70 周年系列学术专著"之契机而成。

正是考虑到本书专门性、系统性和前沿性的特点，本书主要集中于光纤非线性效应对远程光纤水听器系统的影响及相应的抑制技术，同时讨论了光放大技术在远程光纤水听器系统中的应用,最后阐述了对远程光纤水听器系统的综合设计。本书共分为 5 章,第 1 章为绪论,介绍光纤水听器系统发展概述、光纤非线性效应研究概述、远程光纤水听器系统概述,并阐明远程光纤水听器系统中非线性效应研究的意义;第 2 章介绍远程光纤水听器系统的光放大技术,包括掺铒光纤放大技术、光纤拉曼放大技术和混合光放大技术;第 3 章和第 4 章分别讨论受激布里渊散射和调制不稳定性的影响及抑制技术,都着重落脚于远程光纤水听器这一实际系统的影响及相应的抑制技术;第 5 章在前面各章基础上,综合分析远程光纤水听器系统的各种非线性效应,并给出远程光纤水听器系统的典型应用。

本书是作者多年科研工作成果的总结,同时参考了国际上该领域较新的研究进展。本书内容也包含作者所在团队张一弛、孙世林等人的许多研究成果,在此一并致谢。

限于作者学识能力,不完善、不妥之处在所难免,敬请读者批评指正。

作 者

2022 年 4 月于长沙

目　　录

第1章

绪　　论

　　1966 年，高锟博士首次明确提出通过改进制备工艺可使石英光纤的损耗大大下降，并有可能拉制出损耗低于 20dB/km 的光纤，这一科学论断为光纤技术的飞速发展奠定了重要基础[1]。1970 年，美国康宁玻璃公司成功研制损耗为 20dB/km 的石英光纤，开创了低损耗光纤商品化的先河[2]。在随后的 30 年时间内，随着熔融拉锥工艺、低水峰工艺等光纤制备工艺的不断完善与成熟，光纤的损耗已下降到约 0.14dB/km 的水平，极大地推动了光纤通信产业的飞速发展[3]。与此同时，光纤通信产业的巨大应用需求及广阔的应用市场也进一步促进光纤器件及相关技术的长足发展，为光纤技术在以光纤水听器为代表的光纤传感领域中的应用奠定了基础。

1.1　光纤水听器系统发展概述

　　自从 1977 年美国海军实验室的 Bucaro 等人发表光纤水听器的首篇论文[4]以来，该技术已经在石油天然气储层勘探、地震波检测、海洋环境监测、声呐系统中得到了广泛应用。与传统的压电水听器系统相比，光纤水听器具有抗电磁干扰、动态范围大、体积小、重量轻、灵敏度高、便于复用成阵和远程传输等优势[5-12]，这些特点使得光纤水听器容易实现传感网络与信息传输网络的一体化，在系统结构尽可能简单的情况下大幅度提高系统性能，无论在军用还是民用方面都具有广阔的发展前景，目前该类型的光纤水听器系统已经由实验室研究阶段走向产品应用阶段。按传感原理分类，光纤水听器可分为强度检测型、波长检测型、频率检测型、偏振检测型与相位检测型等。其中，与强度、频率、波长和偏振态调制的光纤水听器系统相比，基于相位检测的干涉型光纤水听器具有灵敏度高度突出的优势，故得到更为广泛的应用。干涉型光纤水听器系统利用外界信号对光纤中传输的光波相位进行调制，通过检测相位变化实现对外界信号的探测。后文出现的光纤水听器系统，若没有特殊说明，指的都是干涉型光纤水听器系统。

由于其独特的传感优势和广泛的应用前景，目前，各发达国家的有关部门及研究机构相继投入大量人力和物力，积极从事光纤水听器的研制和开发，主要的研究机构有美国海军研究实验室(NRL)[13]、美国 Litton 公司[14]、英国防卫研究局(DERA)及 QinetiQ 公司(前身为 DERA)[14]、挪威 Optoplan 公司[15]、日本 Oki 公司[16]等。

20 世纪 70 年代中期开始，美国海军研究实验室开始执行的光纤传感器系统计划(Fiber Optic Sensor System，FOSS)[17]，是世界上最早的大规模光纤水听器研究计划，其最主要研究内容即为光纤水听器。该计划预期进行两项里程碑性质的研究，一是验证声呐系统本底已经接近海洋噪声水平，二是验证光纤水听器满足海军需求所需的对温度和静水压不敏感的特性。该计划研究初期，使用了粗制但有效的分光器制成了世界上首个全光纤的干涉仪"Glassboard"，得到了最低声压检测阈值为 40dB re 1uPa @ 1kHz，该声压检测阈值接近散粒噪声极限，但该水听器具有在高频部分对温度敏感的缺点。随后，NRL 研制成功熔融单模光纤耦合器并实现了商品化生产，这促成了全封装光纤水听器"Brassboard"的诞生(图 1.1)，该光纤水听器采用 Mach-Zehnder 干涉仪结构，测试结果表明此光纤水听器有平坦频率响应，性能上相比"Glassboard"具有明显提升。

图 1.1　"Brassboard"光纤水听器[17]

1996 年，美国海军研究实验室提出了一个 64 单元全光可部署阵列(All-Optical Deployable System，AODS)系统[18]，该系统采用时分波分复合复用，可拓展至 256 单元，应用于舰船拖曳或岸基检测，距离可达 100 公里。按此设计，1996 年 5 月美国海军实验室进行 32 基元的海上演示试验。

1998 年，英国防卫研究局开展基于光纤布拉格光栅(Fiber Bragg Grating，FBG)

的光纤水听器研究，系统采用波分复用技术及光纤放大器(EDFA)，设计目标为极细光纤水听器拖曳阵列[19]。1998 年，DERA 与受荷兰皇家海军支持的应用物理研究所(TNO/TPD)联合进行了 32 基元 5 公里传输时分复用光纤水听器阵列的系统设计与海上演示试验[20]。

2000 年，美国 Litton 公司与英国防卫研究局成功开发了一套海洋陆地钻孔成像系统[14]，其核心为 96 基元 8 公里传输空分全光光纤水听器系统，用于勘探地下石油或天然气储备。

1985 年，日本海洋声学学会成立一个研究委员会，开始了光纤水听器的调研与开发研究，委员会主要成员由政府、相关学术团体及工业部门的专家组成。1992 年，日本 Oki 公司开发出原理样机，并在 Suruga 海湾进行了第一次海试[21]，1995 年，原理样机长期稳定性技术改造完成，系统进一步采用时分复用技术，随后完成了船基地震传感器系统的布放，以进行长期水下监视。在此基础上，日本 Oki 公司 2002 年提出了由光纤水听器以及其他光纤水下传感器构成的基于光电子的水下传感器网络的概念，并指出它将引导一场革命，一场向大规模全光光电子传感器网络方向发展的革命。

法国、意大利与挪威合作执行全光纤光学水听器线阵计划(All Fiber Optic Hydrophone Line Arrray，AFOHLA)，该计划作为欧洲长期防卫联盟(European Co-operation for the Long Term in Defence，EUCLID)项目的一部分，计划的主要目的是发展一个 32 基元静态光纤水听器阵列的技术演示系统，并于 2000 年测试了 4 单元光纤水听器的频率响应、串扰、噪声本底以及响应的方向性等指标[22]，之后在 2002 年进行了 32 单元 1 公里传输海上演示试验[23]，试验表明系统光及电噪声低于零海况(DSS0) 15dB。系统采用时分复用方案，并计划进行波分复用技术的开发，以满足将来的拖曳阵列的应用。

美国海军研究实验室与英国 QinetiQ 公司联合进行光纤水听器海底固定阵列的研制，在完成系统设计、传感器设计、阵列机械设计、阵列构造及阵列声测试的基础上，于 2002 年在美国水声特遣部队(Underwater Sound Reference Detachment)与美国海军水下武器中心(US Naval Underwater Weapons Centre，NUWC)进行了原型测试[24]，测试系统含 16 元光纤水听器，水听器平均灵敏度高达−127.5dB(0dB～1rad/uPa)，在工作带宽 20～1000Hz 内灵敏度响应起伏小于±0.2dB，当水听器工作在 375m 水深时，灵敏度下降 0.7dB。该原型用于验证采用光纤放大器的时分及密集波分复用(TDM/DWDM)全光光纤水听器系统的可行性，下一步计划构建一个多节点(Node)海底系统，每节点阵元数在 32～64 之间，节点间距 3～10 公里，数据链接 50 公里。2001 年 7 月美国海军在完成系统测试与评价以后与利通公司签订远程供电全光固定分布式系统(Remote Powered

All Optical Fixed Distributed System-COTS，RP FDS-C)开发合同，合同金额8,936,780 美元，于 2003 年 6 月完成。合同采用湿端全光的光纤水听器系统，信号传感及传输皆基于光纤技术，在降低成本的同时提高系统可靠性并改善战地指标[25,26]。

1996 年，P. Nash 发表总结性文章，认为光纤水听器技术性能价格比完全能与传统技术匹敌，再加上光纤技术带给光纤水听器的长距离、大容量传输能力和低功耗工作优势，该技术的军民应用前景一片光明[27]。2001 年，G. A. Granch 撰文指出当前光纤水听器阵列正向大规模时分与密集波分复用方向发展，以满足未来声呐系统大规模组阵的需要(阵元数大于 1000)[28]。

在光纤水听器阵列发展方面，NRL 在基元技术、信号检测技术、复用技术发展的同时，积极探索光纤水听器阵列系统研究。光纤水听器大规模阵列系统最早于 1990 年开始部署，该阵列为 48 通道的全光拖曳阵(All Optical Towed Array，AOTA)[29]。冷战的结束则促使光纤水听器阵列应用方向由拖曳阵向垂直阵、海底固定阵和平面阵发展，主要有以下的应用：

(1) 1993 年轻型平面阵(Lightweight Planar Array，LWPA)，49 基元频分复用船体阵[17]；

(2) 1993 年全光垂直线列阵(Lightweight All-Optical Vertical Line Array)，16基元轻型全光垂直线列阵[30]；

(3) 1996 年全光可部署阵列(All Optical Deployable Array，AODS)，64 基元时分复用浅海固定阵[31]；

(4) 1997 年细线光纤拖曳阵(Thinline Optical Towed Array，TOTA)，12 基元时分复用和波分复用拖曳阵[32]；

(5) 2003 年全光水下阵(All Optical Underwater Segment，AO-UWS)，40 基元时分复用深海固定阵[17]；

(6) 2004 年光纤海底固定阵(Fiber Optic Bottom mounted Array，FOBMA)，96基元时分复用和波分复用固定阵[28]；

(7) 2005 年多线拖曳阵(Multi-line Towed Array，MLTA)，96 基元时分复用和波分复用拖曳阵[17]。

由 NRL 主导的最大规模的光纤水听器阵列系统成熟应用是 2003 年下水的弗吉尼亚级潜艇装备的轻型大孔径舷侧阵 LWWAA[17](图 1.2)。LWWAA 系统共包含 6组阵列，每组阵列包含数百光纤水听器基元，整套系统共有 1000 多个基元，使用频分复用技术进行组阵，该系统具有高可靠性及高性能，达到世界领先水准。此外，由切萨皮克公司推动发展的基于光栅预刻写的 TB-33 光纤水听器拖曳阵也达到了较高的成熟度[33]，美国海军官方曾向该公司订购了两套潜艇光纤细线拖曳阵系统。

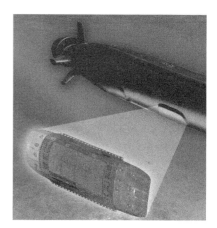

图 1.2 弗吉尼亚级潜艇上装备的大孔径舷侧阵 "LWWAA" [34]

除此之外,光纤水听器系统在民用领域也得到了广泛的应用。2010 年,挪威 Optoplan 公司在其北部海域布放了一条 16000 基元的光纤水听器阵列(图 1.3),用于该海域石油储层的长期监测,可监测海域达 60 平方公里,是目前世界上最大规模的光纤传感网络[15]。2013 年,英国南安普敦大学报道了一种采用时分复用和密集波分复用的超大规模光纤水听器系统,理论上可在单根光纤中实现 4096 路复用,代表了当时世界上最高效的光纤水听器复用水平[35]。

图 1.3 挪威 Optoplan 公司布放的光纤水听器阵列[15]

总之,光纤水听器研究始于 20 世纪 70 年代末的美国海军实验室,五十多年来,美、英、法、日、挪威、意大利等国家相继投入大量人力和物力,使该技术在理论研究和应用开发上都有了长足的进步。

在国内,从事光纤水听器研究的单位主要有国防科技大学[36-41]、中国船舶集团第 715 研究所[42]、中国电子科技集团第 23 所[43]、清华大学[44,45]、海军工程大学、中国科学院半导体研究所[46-49]、哈尔滨工程大学、浙江大学、电子科技大学等。国内一系列工作的开展表明我国光纤水听器研究进入了实际应用阶段，但是在传输距离、阵列规模以及复用程度等工程应用方面与国外先进水平相比还有一定差距。

1.2　光纤非线性效应研究概述

　　为增大光纤中光的传输距离，实现光的远距离传输，以掺铒光纤放大器为代表的光纤放大技术已逐步成熟。此外，作为一种分布式的放大技术，光纤拉曼放大器也被广泛研究与应用。光纤放大器技术的发展成熟使光纤水听器系统的远程化得以实现，满足了当前光纤传输距离日益增长的迫切需求。早在 1997 年，美国的 C. W. Hodgson 等人就提出了多级掺铒光纤放大的概念[50]；美国 NRL 和英国 QinetiQ 公司则于 2003 年使用了远程泵浦掺铒光纤放大的方法[51]；中国的饶云江等人也于 2009 年提出了掺铒光纤放大与光纤拉曼放大混合使用的方法实现光纤传感系统中高达 300km 的超长距离传输[52]。

　　光纤传输远程化使得光纤水听器系统实现长距离传感的同时，也不可避免地加剧了光纤非线性效应。一方面，长距离传输使得各种光纤非线性效应得以积累增强，由此带来较为严重的功率损失和噪声问题等；另一方面，某些光纤非线性效应如受激布里渊散射(SBS)、调制不稳定性(MI)、受激拉曼散射(SRS)等，其阈值随有效光纤长度的增加而降低，故长距离传输必将加剧该类效应的发生。

　　随着近年来波分复用技术(WDM)和时分复用技术(TDM)的发展，光纤水听器系统正在向大规模阵列化方向发展。大规模阵列导致系统光功率损耗增大，为保证探测信号足够的信噪比势必要提高入纤功率，使得各种非线性效应增强。光纤水听器系统中的非线性效应成为重要问题。

　　需要特别强调的是，与光纤通信系统中高速率(几十 Gb/s)、超短脉冲(ps、fs 级脉宽)数字光信号的非线性效应相比，本书对光纤水听器系统中非线性现象的探索主要是针对 mW 量级低功率、准连续、窄线宽模拟光信号进行的。在通常情况下 mW 量级低功率信号光的非线性效应是可以忽略的，但在远程光纤水听器系统中，信号光在长距离光纤中传输会使在有限长度上微弱激发的非线性效应不断累加，而系统的高灵敏度检测要求光学噪声不大于 10^{-5} 量级，因此低功率弱激发的非线性效应严重影响系统性能。上述各种非线性效应势必给光纤水听器系统引入大量的强度噪声和相位噪声，成为制约系统性能的关键因素，同时对非线性效应产生噪声的抑制技术也将成为研究热点。

　　同时值得注意的是，光纤中各种非线性效应并不是孤立存在的，一种效应往往伴随着一种甚至多种其他效应的发生，不同光纤非线性效应之间的相互作用关系也是当前研究的一个重点。下面对各种非线性效应及其相互关系研究进行概述。

1.2.1　受激布里渊散射研究概述

受激布里渊散射(Simulated Brillouin Scattering，SBS)是一种在光纤中极易发生的非线性过程，可描述为泵浦波、斯托克斯波通过声波进行的非线性相互作用。具体来说，泵浦波通过电致伸缩产生声波，然后引起介质折射率的周期性调制，泵浦引起的折射率光栅通过布拉格衍射散射泵浦光，由于多普勒位移与以声速移动的光栅有关，散射光产生了频率下移即斯托克斯光。从现象上来看，当 SBS 发生后，绝大部分输入功率被转移至后向斯托克斯光，此时即便增大输入功率，输出功率也不会继续增加。

SBS 发生的阈值可表示为[53]：

$$P_{\text{th}}^{\text{SBS}} = 21\frac{KA_{\text{eff}}}{g_{\text{B}}L_{\text{eff}}}\left(1+\frac{\Delta\upsilon_{\text{s}}}{\Delta\upsilon_{\text{B}}}\right) \tag{1.1}$$

其中，K 为偏振因子，当泵浦光与斯托克斯光的偏振一致时，K 取 1；而在常规光纤中二者的相对偏振角随机变化，此时 K 取 2。A_{eff}、g_{B}、$\Delta\upsilon_{\text{s}}$、$\Delta\upsilon_{\text{B}}$ 分别表示纤芯有效截面积、布里渊增益系数峰值、激光源线宽和布里渊增益带宽。当 $\Delta\upsilon_{\text{s}}\ll\Delta\upsilon_{\text{B}}$ 时，激光源线宽的影响可以忽略。L_{eff} 为光纤的有效长度，可表示为：

$$L_{\text{eff}} = \frac{1}{\alpha}[1-\exp(-\alpha L)] \tag{1.2}$$

其中，α 为光纤衰减系数，L 为光纤长度。采用常规单模光纤 G652 中的典型值：$A_{\text{eff}} = 80\mu\text{m}^2$，$g_{\text{B}} = 4\times10^{-11}\text{m/W}$，$\alpha = 0.2\text{dB/km}$(计算时取 $0.2/4.343\text{km}^{-1}$)，$L = 50\text{km}$，可得 SBS 阈值约为 4.3mW，即 SBS 在长距离光纤传输中极易发生。图 1.4 给出了 50kmG652 光纤的前向输出功率及后向散射功率随输入功率的变化曲线，我们定义后向散射功率开始迅速增大时对应的输入功率为 SBS 阈值，由图中可见阈值大约在 4mW 到 5mW 之间，与理论计算结果相符。

图 1.5 给出了输入功率为 30mW 时 50kmG652 光纤的后向散射光谱，从右至左的三个峰依次是斯托克斯峰、瑞利峰和反斯托克斯峰，斯托克斯峰与瑞利峰的间隔约为 0.085nm(11GHz)，且斯托克斯峰明显高于瑞利峰。根据 SBS 过程中的波矢选择规则，布里渊散射仅在后向发生，但在光纤中自发布里渊散射(SpBS)也能在前向产生，这是由于声波的波导特性削弱了波矢选择规则，结果使前向产生了少量斯托克斯光，这一现象称为传导声波布里渊散射[54]。图 1.6 给出了输入功率为 30mW 时 50kmG652 光纤的前向输出光谱，从中可以看到明显的前向斯托克斯光。

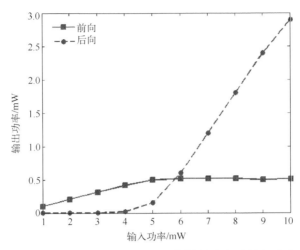

图 1.4　50kmG652 光纤前向输出及后向散射功率随输入功率的变化

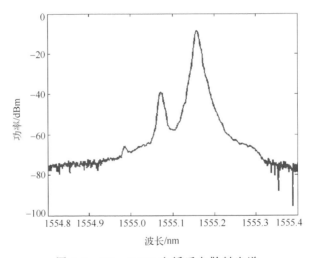

图 1.5　50kmG652 光纤后向散射光谱

　　研究 SBS 的模型主要有定域非起伏模型、定域起伏模型、未考虑泵浦损耗的分布起伏模型和考虑泵浦损耗的分布起伏模型，其中考虑泵浦损耗的分布起伏模型中，综合考虑了泵浦波、斯托克斯波和声波三者的相互作用，又被称为 SBS 的三波耦合方程组。1990 年，R. W. Boyd 等人对上述四种模型进行了详细介绍和比较[55]；1993 年，N. M. Nguyen-Vo 等人将 SpBS 模型并入后向 SBS 模型并进行了相关研究[56]；2000 年，V. I. Kovalev 等人观察到了光纤中 SBS 的非均匀谱加宽现象[57]，在单频连续激光条件下产生了烧孔效应，但 S. Randoux 等人于 2001 年对该结论提出了异议[58]，认为出现的烧孔现象可由均匀加宽的 SBS 三波耦合方程组

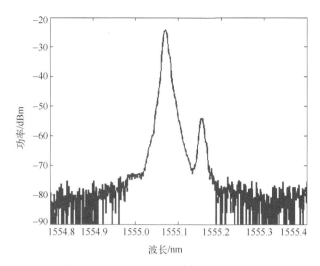

图 1.6　50kmG652 光纤前向输出光谱

进行解释，而同年 V. I. Kovalev 等人对此再次进行了反驳[59]，此外 A. A. Fotiadi 等人也利用三波耦合方程组研究了单模光纤中 SBS 的统计特性并得到了烧孔现象[60]，客观上支持了 S. Randoux 等人的观点；2006 年，A. Kobyakov 等人利用未考虑泵浦损耗的分布起伏模型研究了损耗介质中的 SBS[61]；2007 年，R. B. Jenkins 等人利用三波耦合方程组进行了 SpBS 和 SBS 的稳态噪声分析[62]；同年，V. I. Kovalev 等人利用未考虑泵浦损耗的 SBS 模型研究了各光纤参量对阈值的影响[63]，并于 2008 年利用同一模型研究了 SBS 的随机动态特性[64]；2009 年，L. Tartara 等人利用综合考虑光场和声场特性的模型分析了光纤中的布里渊增益谱[65]。

布里渊增益谱包含了大量信息，包括布里渊频移、布里渊增益峰值及线宽等，对此人们进行了专门研究。1986 年，R. W. Tkach 等人利用外差技术测量了单模光纤中的 SpBS 增益谱[66]；1987 年，N. Shibata 等人利用泵浦波-探测波技术测量了掺杂单模光纤的布里渊增益谱[67]；1997 年，M. Nikles 等人对泵浦波-探测波技术进行了改进，并利用双次测量消除了偏振影响[68]；2002 年，E. Fry 等人利用法布里-珀罗干涉仪测量了水中布里渊带宽的温度依赖性[69]；同年，A. Yeniay 等人再次利用外差技术研究了光纤中 SpBS 和 SBS 的增益谱[70]；2005 年，A. Villafranca 等人利用两台激光器以及泵浦波-探测波技术实现了 SBS 增益谱的测量[71]；2006 年，W. Zou 等人分析了光纤内部热应力对布里渊增益谱的影响[72]；2008 年，V. I. Kovalev 等人提出了一种简单而又准确的测量光纤 SBS 增益系数的方法[73]；2009 年，V. Lanticq 等人提出了测量单模光纤布里渊增益的自参考单端法[74]；同年，J. H. Lee 等人则测量了氧化铋光子晶体光纤的布里渊增益系数[75]；2010 年，P. D. Dragic 等人对布里渊线宽进行了有限元分析[76]；Y. Mizuno 等人研究了通信波段聚合物光纤的布里渊增益谱性质[77]；C. A. Galindez 等人则利用光纤串联和施加应力技术实现了任意形状的布里渊增益谱[78]；2011 年，Y. Mizuno 等人再次研究了62.5μm 芯径的渐变折射率聚合物光纤的布里渊增益谱[79]；S. Preußler 等人则将布里渊增益带宽降至了 3.4MHz[80]；2012 年，A. Wiatrek 等人再次研究了 SBS 增益带宽的降低技术并在普通单模光纤中将其降至 3MHz[81]；Y. S. Mamdem 等人则研究了单模光纤中残余应力对布里渊增益谱的影响[82]。

SBS 阈值对光纤传输系统而言是非常重要的参量，长期以来人们对此进行了大量研究。1988 年，Y. Aoki 等人研究了调制幅度和频率对 SBS 阈值的影响[83]；1989 年，E. Lichtman 等人研究了不同调制方式下的 SBS 阈值[84]；1993 年，M. Dammig 等人研究了有外部反馈和无外部反馈时的 SBS 阈值[85]；1999年，H. S. Kim 等人通过提高斯托克斯噪声的方法降低了 SBS 阈值[86]；2002 年，T. H. Russell 等人研究了光纤中二阶 SBS 的阈值[87]；2005 年，A. Mocofanescu 等人研究了单模和多模梯度折射率光纤中的 SBS 阈值[88]；同年，沈一春等人分析和讨论了 SBS 阈值计算的 Smith 模型和 Kung 模型[89]；吕捷等人研究了声子损耗对 SBS 阈值的影响[90]；2007 年，M. Li 等人研究了铝锗共掺大模面积光纤中的高 SBS 阈值[91]；2008 年，V. I. Kovalev 等人研究了具有反馈的长光纤中 SBS 的低阈值增益[92]；T. Shimizu 等人对估算光纤中 SBS 阈值的各种方法进行了比较[53]；2009 年，M. Ferrario 等人研究了瑞利散射对 SBS 阈值估算的影响[93]；S. M. Massey 等人研究了多模光纤中相位共轭对 SBS 阈值的影响[94]；J. Shi 等人利用激光强度对 SBS 阈值进行了新的理论分析[95]；M. Ajiya 等人研究了通过泵浦循环降低 SBS 阈值的技术[96]；2010 年，W. Gao 等人提出了一种测量 SBS 阈值的新方法[97]。

SBS 不仅会带来传输功率的大量损失，还会给系统引入大量强度噪声。1990 年，R. G. Harrison 等人认为 SBS 发生后斯托克斯光的强度波动是混沌的[98]；1991 年，A. L. Gaeta 等人研究了光纤中 SBS 的动态随机特性[99]；1997 年，M. Horowitz 等人研究了斯托克斯光和反斯托克斯光引入前向传输的宽带强度噪声[100]；1999 年，E. Peral 等人分析了 SBS 中频率调制向强度调制的转化及由此引入的相对强度噪声的增加[101]；2005 年，J. Zhang 在其博士学位论文中详细讨论了光纤传输系统中 SBS 引入的强度噪声[102]。

考虑到 SBS 给光纤传输系统带来的不利影响，有必要通过增大 SBS 阈值来抑制其发生，对此前人进行了大量研究。由式(1.1)可以看出，增大激光源线宽可提高 SBS 阈值。此外，沿光纤引入外界或光纤变量的变化，改变光纤中的声场特性，都可在一定程度上抑制 SBS 的发生。1982 年，D. Cotter 利用频率间隔 1GHz 的双纵模激光器抑制 SBS[103]；1993 年，N. Yoshizawa 等人通过沿光纤引入压力分布的方法抑制 SBS[104]；C. A. S. de Oliveira 等人利用不同布里渊频移的级联光纤提高 SBS 阈值[105]；1994 年，F. W. Willems 等人采取外部单频相位调制及激光器频率抖动的方法抑制 SBS[106]；1995 年，K. Shiraki 等人沿光纤引入芯径变化并以此抑制 SBS[107]；1999 年，杨建良等人对外调制光纤 AM-CATV 系统中附加相位调制法抑制 SBS 进行了详细分析[108]；2000 年，他们又理论分析了双频和多频相位调制抑制 SBS 的方法[109]，并研究了激光器高频扰动抑制 SBS 的原理及应用[110]；2001 年，J. Hansryd 等人通过沿光纤引入不同的温度分布的方法提高 SBS 阈值[111]；2005 年，A. Kobyakov 等人通过设计具有不同折射率的光纤[112]，以此控制布里渊增益并提高 SBS 阈值；J. M. Chavez Boggio 等人再次研究了利用压力分布提高 SBS 阈值的方法[113]；李长春则分析了光纤中色散效应对 SBS 的抑制作用[114]；2007 年，M. Li 等人通过改变光纤中声场特性的方法提高 SBS 阈值；2009 年，B. Ward 等人利用有限元分析了上述 SBS 抑制方法[115]；P. Mitchell 等人在激光器芯片上实现了用抖动电流展宽激光线宽并由此抑制 SBS[116]；而 S. Petit 等人再次提到了压力分布抑制 SBS 的方法[117]；同年，刘英繁等人和吕博等人再次研究了通过相位调制提高 SBS 阈值的方法[118,119]。

　　此外，前人还研究了 SBS 引起的前向传输光的线宽展宽以及光纤放大器中的 SBS，并详细评估了 SBS 给光纤通信系统带来的不利影响。1985 年，R. G. Waarts 等人研究了单模光纤系统中 SBS 引入的串音噪声[120]；1991 年，T. Sugie 分析了连续相移键控相干光系统中 SBS 带来的传输限制[121]；1993 年，D. A. Fishman 等人研究了强度调制光纤通信系统中 SBS 造成的系统信噪比及误码率性能的降低[122]；1994 年，M. O. van Deventer 等人研究了双向相干传输系统中 SBS 引入的功率阈值[123]；2000 年，A. Djupsjobacka 等人针对幅移键控、频移键控、相移键控等常见调制格式分析了 SBS 对光探测器眼图的影响[124]。

1.2.2　四波混频研究概述

　　在当前的光纤通信和光纤传感系统中，经常用到波分复用结构，即光纤中会同时同向传输多束光。在这类系统中，FWM 成为一种重要的非线性效应。FWM 可看作频率为 f_1 和 f_2 的两个光子的湮灭，伴随着频率为 f_3 和 f_4 的两个新光子的产生，同时满足 $f_3+f_4=f_1+f_2$。特别的，当 $f_1=f_2$ 时，整个过程只牵涉三个不同频率，称为简并 FWM。当光纤中同向传输的光波数目为 N 时，通过 FWM 产生的新波数目为 $N^2(N-1)/2$，例如对于双波、三波和四波传输，产生的新波数目分别为 2 个、9 个和 24 个，如图 1.7 所示。从图中可以看出，当原始信道的频率间隔相同时，大量新波会与原始信道重合，由此给系统带来串扰，造成系统性能下降。图 1.8 给出了典型的 FWM 的输出光谱，其中单信道输入功率～2mW，信道间隔 50GHz，光纤长度 25km，可以看出此时已发生明显的 FWM 效应。

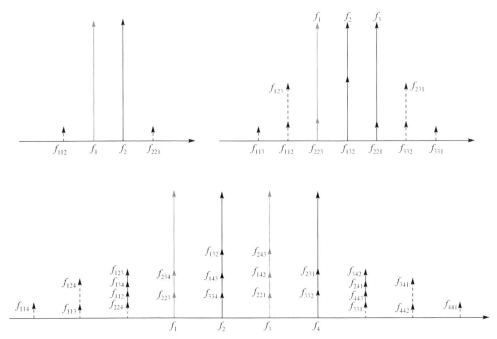

图 1.7　双波、三波和四波传输时 FWM 发生情况

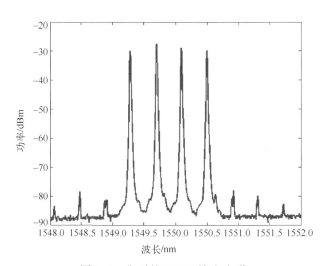

图 1.8　典型的 FWM 输出光谱

FWM 的有效发生需要满足相位匹配条件，其相位匹配条件可表示为[54]：

$$\kappa = \Delta k_{\mathrm{M}} + \Delta k_{\mathrm{W}} + \Delta k_{\mathrm{NL}} = 0 \tag{1.3}$$

$$\Delta k_{\mathrm{M}} = (n_3 \omega_3 + n_4 \omega_4 - n_1 \omega_1 - n_2 \omega_2)/c \tag{1.4}$$

$$\Delta k_W = (\Delta n_3 \omega_3 + \Delta n_4 \omega_4 - \Delta n_1 \omega_1 - \Delta n_2 \omega_2)/c \tag{1.5}$$

$$\Delta k_{NL} = \gamma(P_1 + P_2) \tag{1.6}$$

其中，Δk_M，Δk_W 和 Δk_{NL} 分别表示材料色散、波导色散和非线性效应引起的相位失配，$n_j(j=1\sim4)$ 为光纤模式的有效折射率，$\Delta n_j(j=1\sim4)$ 为波导引起的材料折射率的变化，γ 为非线性系数，$P_j(j=1\sim2)$ 为输入光功率。对于普通单模光纤中 1.55μm 附近的光波传输，其波长离零色散波长不是太近，此时可得：

$$\Delta k_M \approx \beta_2(\Delta\omega)^2 \tag{1.7}$$

其中，β_2 为群速度色散参量，$\Delta\omega$ 为以角频率表示的信道间隔。在单模光纤中，对所有的波近似有相同的 Δn，故 $\Delta k_W \approx 0$。当输入光功率不是很大时，非线性效应引起的相位失配也可忽略即 $\Delta k_{NL} \approx 0$，但对于大功率入射情形，必须考虑该项的影响。此外需要注意的是，即使相位匹配条件不严格满足，但只要符合准相位匹配条件，FWM 仍可发生。定义相干长度为：

$$L_{coh} = 2\pi/|\Delta\kappa| \tag{1.8}$$

其中，$\Delta\kappa$ 为所允许的最大波矢失配，仅当 $L < L_{coh}$ 时，FWM 才会显著发生，即所谓的准相位匹配条件。

FWM 作为波分复用系统中最常见的非线性效应，前人对其展开了大量研究。1978 年，K. O. Hill 等人用氩离子激光器研究了单模光纤中的 FWM 并从理论上给予了详细推导[125]；1987 年，N. Shibata 等人从理论和实验上分析了单模光纤中相位失配对 FWM 效率的影响[126]，并于 1988 年研究了色散位移单模光纤中相位失配的影响[127]；1992 年，K. Inoue 详细分析了单模光纤中偏振效应对 FWM 效率的影响[128]，并于 1994 年从实验上研究了零色散波长附近 FWM 给不同信道之间引入的串话噪声[129]；同年，H. Onaka 等人测量了色散位移光纤中 FWM 效率的纵向分布[130]；1995 年，K. Inoue 等人研究了具有非均匀色散的多级放大系统中的FWM[131]；同年，P. O. Hedekvist 等人比较了不同长度色散位移光纤中 FWM 引入的谱反演性能[132]；1996 年，A. M. Darwish 等人优化了非线性损耗存在时的 FWM转化效率[133]；同年，宋健等人研究了波分复用系统中 FWM 引入光信噪比的恶化及其抑制[134]；1999 年，J. M. Chavez Boggio 等人研究了低色散光纤中 FWM 引起的信号放大[135]；2002 年，K. Tsuji 等人研究了光纤中色散起伏对 FWM 效率的影响[136]；2004 年，K. Kawanami 等人分析了色散位移光纤中 FWM 的偏振依赖性并将其应用于非线性折射率测量[137]；同年，刘艳等人对波分复用系统中的 FWM 进行了数值仿真[138]；2008 年，H. Ono 等人测量了 L 波段高掺杂的掺铒光纤放大器中的 FWM 串话[139]；2009 年，G. Kaur 等人提出了一种算法[140]，用于研究放大自发辐射噪声存在且综合考虑 SRS 和 FWM 的情况下 FWM 对系统整体噪声的影响；

Jr. S. Arismar Cerqueira 等人利用三波泵浦技术研究了光纤中的宽带级联 FWM[141]；L. Wang 等人分析了光纤通信系统中相位调制对 FWM 输出功率的影响[142]。

相位匹配条件对 FWM 的发生起着至关重要的作用，对此前人也进行了深入研究。1992 年，K. Inoue 研究了多级光放大结构中 FWM 的相位失配特性[143]，并分析了光纤零色散波长区域的 FWM[144]；1997 年，T. Yamamoto 等人研究了光纤中 FWM 相位匹配条件的强度依赖性[145]；1999 年，S. Song 等人从理论上详细分析了相位匹配条件的这种强度依赖性[146]；2010 年，J. Schroder 等人利用含相干和非相干成分的混合泵浦光源观察到了相位匹配和非相位匹配的 FWM 的竞争作用[147]。

FWM 是波分复用系统非线性串扰的主要来源，尤其当信道间隔相等时，大量新频率与原有信道频率一致，使得这些信道内发生相干干涉，引起接收机检测信号的大范围起伏。此外，系统性能必然还受到信道功率损耗的影响。1990 年，M. W. Maeda 等人研究了 FWM 对光纤频分复用系统的影响[148]；1994 年，K. Inoue 等人研究了多信道传输时 FWM 引入的串扰及功率阈[149]；同年，A. Yu 等人研究了放大的多波长传输系统中 FWM 的影响[150]；1996 年，W. Zeiler 等人针对放大的波分复用光通信系统建立了 FWM 及增益峰值模型[151]；Y. Hamazumi 等人分析了非等信道间隔波分复用系统中信号与 FWM 噪声的拍频串扰的减小[152]；H. Taga 利用波分复用技术进行了长距离传输实验[153]；1999 年，M. Eiselt 从统计角度分析了波分复用系统中 FWM 对传输性能的限制[154]；2004 年，L. G. L. Wegener 等人研究了 FWM 对波分复用系统信息容量的影响[155]；2006 年，A. Akhtar 等人模拟并分析了归零开关键控光传输系统中信道走离对非简并和简并 FWM 噪声的贡献[156]；2007 年，S. P. Singh 等人研究了 FWM 存在时全光波分复用网络的性能[157]；2008 年，Y. Gao 等人统计分析了相干归零正交相移键控传输系统中 FWM 引入的相位噪声[158]；2009 年，D. Yang 等人研究了 FWM 对基于二进制相移键控的色散管理相干系统带来的损伤[159]；同年，杜建新分析了密集波分复用系统中的非简并 FWM 和矩形脉冲 FWM[160]。

考虑到 FWM 给光纤传输系统带来的不利影响，在实际应用时有必要对其进行抑制，对此前人进行了大量研究。1993 年，K. Inoue 利用两束非相干正交偏振光抑制光纤中的 FWM[161]；F. Forghieri 等人、K. D. Chang 等人、A. Bogoni 等人分别于 1994 年、1995 年、2000 年、2004 年研究了利用非等信道间隔法抑制波分复用系统中的 FWM[162-165]；1998 年，J. S. Lee 等人为增强非等信道间隔法的效果，提出利用色散位移光纤进行周期配置[166]；1999 年，K. Nakajima 等人利用色散分布光纤抑制 FWM[167]；2004 年，V. L. L. Thing 等人在维持带宽效率的情况下抑制 FWM[168]；2008 年，Y. Ito 等人分析了频分复用光纤传输系统中调制格式对 FWM 噪声的影响[169]，并利用各种频率配置方式抑制 FWM；并于 2009 年研究了系统中四进制归零码 FWM 噪声的降低[170]；2011 年，N. Jia 等人针对 100km、160Gb/s 光时分复用归零传输研究了利用强色散管理抑制 FWM[171]。

1.2.3 调制不稳定性研究概述

调制不稳定性（Modulation Instability，MI）是光纤中另一种重要的非线性效应[54]，它是由色散和非线性的相互作用导致的对稳态的调制，在时域上表现为将连续光或准连续光分裂成一列超短脉冲，在频域上表现为产生两个对称的频谱旁瓣。MI 可看作 SPM 相位匹配的 FWM 过程，也可由 XPM 产生，此外平均功率沿光纤链路的周期性锯齿样变化也会引起 MI。对于这三种机制，第一种机制下 MI 的产生需要光波位于光纤的反常色散区，而后两种机制下其产生并不需要反常色散条件。

MI 可分为自发 MI 和感应 MI。对于后者，当频率为 $\omega_1 = \omega_0 + \Omega$ 的探测光与频率为 ω_0 的强泵浦光同时在光纤中传输时，只要 Ω 满足一定条件，强泵浦光的两个光子就会转变为另外两个不同的光子，一个为探测光频率 ω_1，另一个为闲频光频率 $2\omega_0 - \omega_1$ 即 $\omega_0 - \Omega$。在这种情况下，探测光充当了产生 MI 所需的种子源。即使当泵浦光自身传输时，只要其功率达到阈值，MI 仍可发生即所谓的自发 MI，此时噪声光子起到了探测光的作用即充当了种子源，并被 MI 提供的增益放大。图 1.9 和图 1.10 分别给出了不同功率水平下自发 MI 的理论模拟和实验测量增益谱。从图中可以看出，随着输入功率的增加，增益谱变高变宽。

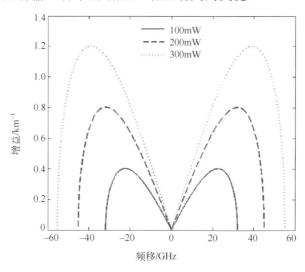

图 1.9 自发 MI 理论模拟增益谱

如上所述，只有达到阈值，MI 才会发生。MI 阈值可表示为[172]：

$$P_{\text{th}}^{\text{MI}} \approx \frac{5}{2\gamma L_{\text{eff}}} = \frac{5\lambda A_{\text{eff}}}{4\pi n_2 L_{\text{eff}}} \tag{1.9}$$

其中，λ 为波长，n_2 为非线性折射率系数。采用常规单模光纤 G652 中的典型值：$\lambda = 1.55\mu m$，$A_{\text{eff}} = 80\mu m^2$，$n_2 = 2.2 \times 10^{-20} m^2/W$，$\alpha = 0.2 dB/km$，$L = 50 km$，可得 MI 阈值约为 115mW。

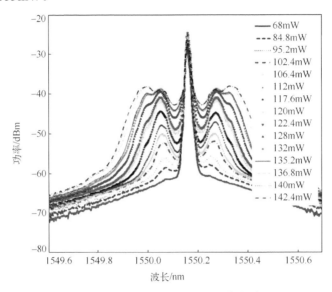

图 1.10　自发 MI 实验测量增益谱

自 20 世纪 80 年代以来，人们对光纤中的 MI 展开了大量研究。在理论分析方面，1993 年，F. Matera 等人研究了长距离光纤链路中周期性功率变化导致的边带不稳定性[173]；1995 年，M. Yu 等人在无泵浦损耗近似下数值模拟并统计分析了非线性介质中正常色散和反常色散区的 MI[174]；1997 年，S. G. Murdoch 等人研究了双折射光纤中满足准相位匹配条件的 MI[175]；2000 年，E. Seve 等人着重分析了高双折射光纤中 XPM 引入的 MI 的四光子高效转换机制[176]；2002 年，G. V. Simaeys 等人研究了光纤中 MI 的可逆性[177]；2003 年，S. Pitois 等人研究了单模光纤正常色散区由四阶色散引入的 MI 光谱窗口[178]；2005 年，D. Amans 等人研究了光纤中 MI 的更高阶谐波[179]；2006 年，P. T. Dinda 等人分析了光纤中任意高阶色散下的 MI 以及延时拉曼响应[180]；2010 年，A. Mussot 等人数值模拟了三阶色散对脉冲信号 MI 增益的影响[181]；2011 年，S. Betti 等人建立了 MI 及其能量守恒的新模型[182]；P. Bejot 等人探索了研究时空 MI 过程的一般性方法[183]；J. H. Li 等人分析了双芯光纤中的 MI[184]；A. K. Sarma 等人则利用脉冲传输新模型研究了负折射率介质和人工介质中的 MI[185]。近年来，N. Akhmediev 等人还提出了描述

MI 特性的 Breather 理论并对此进行了详细研究[186,187]。此外，成都信息工程学院的钟先琼等人[188,189]、南京林业大学的胡涛平等人[190,191]、中国海洋大学的任志君等人[192,193]、西南交通大学的杨慧敏等人[194]、河北师范大学的张书敏等人[195]、华南理工大学的黄菁等人[196]以及山西大学[197]等都对光纤中的 MI 进行了大量理论研究，内容包括高阶色散下的 MI、饱和非线性下的 MI、零色散附近的 MI 等方面。

MI 会给光纤传输系统带来不利影响，在实际应用中有必要对其进行抑制，对此前人也进行了相关研究。1984 年，B. Hermansson 等人研究了相移键控相干系统中 MI 的影响及其抑制[198]；1993 年，N. Christensen 等人研究了 XPM 引入的 MI 的噪声特性[199]；1994 年，Y. Miyamoto 等人利用色散管理的方法抑制 10Gb/s、280km 光纤传输系统中的 MI[200]；1997 年，R. A. Saunders 等人再次研究了 10Gb/s 系统中 MI 的不利影响及其色散补偿[201]；同年，R. Hui 等人研究了 MI 对多级放大的强度调制直接探测系统的影响[202]；2000 年，P. T. Dinda 等人利用正交偏振泵浦的方法在光纤中实现 MI 和 SRS 的同时抑制[203]；2003 年，A. Gordon 等人利用噪声抑制激光器中的 MI[204]；同年，A. Kumar 等人发现放大的自发辐射噪声有利于抑制 MI 边带的增长[205]；2004 年，M. N. Alahbabi 等人研究了 MI 对基于 SpBS 的分布式光纤传感系统的影响[206]；2005 年，D. Alasia 等人再次研究了 MI 对利用 SBS 的分布式光纤传感系统的危害[207]；同年，X. Tang 等人在相位共轭系统中利用色散补偿抑制 MI[208]。

此外，人们还对光纤中 MI 的阈值、MI 的饱和现象、光放大器中的 MI、利用非相干光产生的 MI 以及 MI 的旁瓣漂移等问题进行了专门研究，得到了很多有益的结论。1993 年，J. M. Hickmann 等人研究了半导体掺杂玻璃光纤中饱和非线性下的 MI[209]；2005 年，A. Sauter 等人研究了瞬态非线性克尔介质中的非相干 MI[210]；2007 年，A. Tehranchi 等人研究了高阶散射和非线性效应下掺铒光纤放大器中的感应 MI[211]；同年，A. Labruyere 等人研究了光纤系统中 MI 光谱旁瓣的频率漂移的抑制[212]；2009 年，K. Hammani 等人研究了部分非相干泵浦光引入的 MI[213]；2010 年，S. K. Turitsyn 等人研究了光纤放大器中的 MI 理论[214]；A. M. Rubenchik 等人研究了高功率激光放大器中的 MI[215]；S. A. Babin 等人则研究了不同类型光纤中窄带 100ns 脉冲的 MI[216]；2011 年，Y. Xiang 等人研究了人工介质中饱和非线性下的 MI[217]；M. Droques 等人研究了 MI 光谱对称性破坏的动态特性[218]；S. M. Foaleng 等人则提出了 MI 阈值的修正公式[172]。

1.2.4 非线性效应相互关系研究概述

正如前面所提到的,光纤中一种非线性效应往往伴随着另外一种或多种其他非线性效应的发生，对此前人也展开了大量研究。在 SBS 和 FWM 结合方面，1994 年，K. Kikuchi 等人通过抑制 SBS 来提高 FWM 的转化效率[219]；2004 年，T. Tanemura 等人在不影响 FWM 效率的前提下利用相位调制来抑制 SBS[220]；2009 年，M. Ajiya 等人利用泵浦循环技术研究了反射的泵浦光与斯托克斯光的 FWM[96]；2011 年，S. H. Han 等人考虑利用 SBS 和 FWM 来产生毫米波[221]；C. H. Yeh 等人利用与 SBS 相关的滤波器和 FWM 产生稳定的多波长半导体激光器[222]；S. Petit 等人在低色散斜率的高非线性光纤中利用 SBS 抑制技术实现简单高效的 FWM 波长转换[223]；同年，J. Tang 等人利用多级 FWM 过程产生具有二倍布里渊频移的稳定光梳[224]，并深入研究了基于布里渊掺铒梳状光纤激光器的可调多波长输出。在 FWM 和 MI 结合方面，1998 年，D. F. Grosz 等人研究了不同信道间隔和传输距离情况下 FWM 和 MI 共同导致的对信道功率的调制[225]，并在此基础上研究了不同的调制格式下 MI 引入的脉冲失真及功率阈[226]；1999 年，他们进一步研究了双信道和三信道波分复用系统中 MI 的具体影响[227]，并详细分析了 MI 导致的共振 FWM 现象；2008 年，C. P. Jisha 等人研究了光折变介质中 FWM 导致的 MI[228]；2011 年，X. M. Liu 研究了低双折射光纤中 MI 导致的高效多级 FWM 现象[229]；A. Armaroli 等人则研究了单模光纤中多级 FWM 的集合性 MI 现象[230]。此外，2010 年，Y. Zhu 等人还研究了宽带慢光系统中 SBS 和 MI 的竞争作用[231]。

1.3　远程光纤水听器系统概述

典型的远程光纤水听器系统由光发射端、光纤传输系统、光纤水听器阵列和光接收端四部分组成。图 1.11 给出了典型的 100km 传输距离、采用 8 重时分和 16 重波分混合复用的 128 基元远程光纤水听器系统。光发射端的输出光经过 100km 下行光纤传输后由波分复用器分为 16 个波长信道到达光纤水听器阵列，再由波分复用器将 16 个信道的信号光汇总后经 100km 上行光纤传输到达光电信号处理模块，并最终给出探测结果。本节以该典型远程光纤水听器系统为例对其进行概述。

为降低系统成本，远程光纤水听器系统一般采用多路复用技术对多个光纤水听器探头进行复用组网。多路复用技术指的是不同波长的光混合后经同一根光纤传输（波分复用）或者多个传感基元使用同一个光源和同一个光电探测器（时分复用），进而实现光的发送、传输、探测以及信号传感和信号恢复。图 1.11 的系统示例中包括 16 重波分复用（WDM）和 8 重时分复用（TDM），因此系统的总基元数为 128。

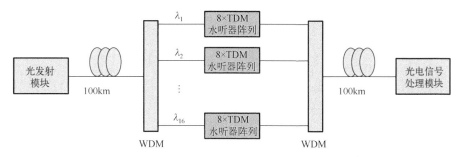

图 1.11 100km 往返 128 基元光纤水听器系统示意图

1.3.1 光发射端

光发射模块的详细结构如图 1.12 所示。光发射模块主要包含信号光源、拉曼泵浦光源以及其他一些关键器件。16 台信号光源的频率均被主控模块施加了正弦调制,该正弦调制产生内调制 PGC 信号检测方法所需的相位载波。16 台光源发出的信号光经隔离器后由波分复用器(WDM1)合为一束,再经声光调制器(AOM)被调制为脉冲光,然后经过相位调制器(PM)调制和掺铒光纤放大器(EDFA)放大,经可调光衰减器(VOA)后,最终由波分复用器(WDM3)和拉曼泵浦光(Raman)合为一束。

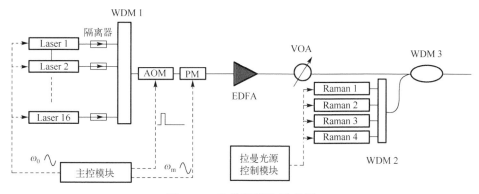

图 1.12 光发射模块示意图

1. 信号光源

信号光源由 16 台窄线宽分布反馈式半导体激光器组成,每一台的最大输出功率均为 10dBm,线宽均为~10kHz,工作波长符合波分复用的国际电信联盟标准(ITU),具体为 1534.2~1558.1nm,波长间隔为 1.6nm,对应的 ITU 信道为 CH24~CH54,ITU 信道间隔为 2。

2．拉曼泵浦光源

拉曼泵浦光源包含 4 个高功率的半导体激光器，详细的波长、最大输出功率信息如表 1.1 所示。

表 1.1　拉曼泵浦光源的参数表

拉曼光源编号	波长/nm	最大功率/mW
Raman 1	1430	500
Raman 2	1435	500
Raman 3	1455	500
Raman 4	1465	500

3．其他关键器件及其参数选取

AOM 的作用是将信号光调制为脉冲光，以满足时分复用结构的要求。AOM 调制信号为脉宽 450ns、重复频率 192kHz 的脉冲信号，其消光比为 50dB。

对于 100km 的光纤传输距离，每个信道的 SBS 阈值仅为几毫瓦。搭建的光纤水听器系统是一个非平衡干涉仪 PGC 内调制系统，通过引入特定参数的相位调制和光频调制，有效抑制了 SBS 的发生。相位调制器的作用是对信号光相位进行正弦调制，调制频率由式(1.10)决定：

$$\omega_{\mathrm{m}} \frac{\Delta L}{c} = 2k\pi \tag{1.10}$$

式中，ω_{m} 为相位调制频率，ΔL 为光纤干涉仪的光程差，c 为真空中光速，k 取正整数，通过合理选择相位调制频率，使其与干涉仪光程差匹配，可以有效抑制由于相位调制导致信号光线宽展宽而引入的额外相位噪声，此方法为参数匹配干涉方法，其技术细节将在第 3 章进行介绍。

由图 1.12 可知，光发射模块共采用了三个波分复用器，WDM 1 将 16 个波长的信号光合为一束，WDM 2 将 4 个波长的拉曼泵浦光合为一束，WDM 3 则将汇总的信号光和汇总的拉曼泵浦光合为一束。

1.3.2　光纤传输系统

对于远程光纤水听器系统而言，通常采用普通单模光纤作为传输介质。典型的单模光纤损耗系数为 0.18dB/km，对于图 1.11 远程水听器系统中的 100km 传输距离而言，其往返传输距离达到 200km，仅在光传输路径上的损耗就达到了 36dB，故远程光纤水听器系统需要行之有效的光放大技术。常用的低噪声光放大技术包括掺铒光纤放大技术、光纤拉曼放大技术等。掺铒光纤放大器根据其在系统中的位置和作用，可分为功率放大器、在线放大器和前置放大器。其中，功率放大器位于光发射端，用于提升进入光传输系统的初始信号光功率；在线放大器位于光传输系统或光纤水听器阵列中，用于在光传输过程中对信号光功率损耗进行节点型的补偿；前置放大器位于光接收端，用于光电探测前信号光功率的最终提升，使得信号光功率满足低噪声信号检测要求。而对于光纤拉曼放大器，根据其使用位置，可分为前向拉曼放大、后向拉曼放大和双向拉曼放大三种形式。

1.3.3 光纤水听器阵列

8 重时分复用(TDM)光纤水听器阵列的详细结构如图 1.13 所示，采用的是匹配干涉仪时分复用结构，匹配干涉仪的延迟光纤长度和传感基元的传感光纤长度相当，故匹配干涉仪的延迟光纤就是 8 个传感基元共用的参考光纤，延迟光纤和传感光纤的长度差即匹配干涉仪的臂差，系统中臂差为 0.52m，故干涉仪的光程差为 1.56m。1 个光脉冲经光隔离器进入传感阵列，返回 9 个光脉冲，这 9 个光脉冲经匹配干涉仪后变成 9 个光脉冲对，上一个节点的后一个光脉冲和下一个节点的前一个光脉冲在时序上刚好重合，形成各个传感基元的干涉信号，具体如图 1.14 所示。

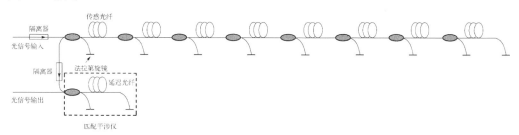

图 1.13 8×TDM 光纤水听器阵列示意图

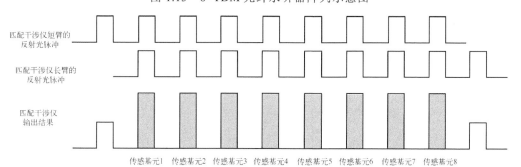

图 1.14 光脉冲时分序列示意图

1.3.4　光接收端

光接收端，即光电信号处理模块的详细结构如图 1.15 所示，主要包括多通道 PGC 解调系统和拉曼泵浦光源。拉曼泵浦光源为光纤水听器阵列输出的信号光提供后向拉曼放大。光电信号处理模块的拉曼泵浦源与光发射模块的拉曼泵浦源完全相同，同样是包含 4 个波长的高功率半导体激光器，具体的波长、最大输出功率参数如表 1.1 所示。WDM 4 的作用和 WDM 2 一致，WDM 5 的作用和 WDM 3 一致。

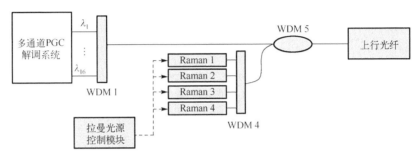

图 1.15　光电信号处理模块示意图

1.4　远程光纤水听器系统中非线性效应的研究意义

随着以掺铒光纤放大器和光纤拉曼放大器为代表的光放大技术的广泛应用，光纤水听器系统朝着远程化的方向发展[232,233]。在远程光纤传输过程中，低功率条件下微弱非线性效应积累产生的传输噪声已对远程光纤水听器系统的性能产生了不可忽视的影响。目前这些问题已引起了相关领域学者的关注，但开展这些研究具有一定挑战。虽然弱激发的非线性效应与广泛研究的强光非线性效应具有相近的理论基础，但与以有效利用非线性效应为目的的强光非线性研究不同，低功率长距离传输非线性效应研究的主要目的是抑制光纤非线性效应引起的光传输噪声，至今仍缺乏合适的低功率长距离传输噪声理论体系。本书将强光非线性拓展到弱激发非线性研究领域，提出相应的理论模型、实验测试方法、对系统影响的评价和抑制方法等，有助于光学非线性理论和应用的拓展和完善。

同时，鉴于光纤水听器系统在实际场合中的具体应用[234-239]，很有必要对系统中非线性效应的影响及其抑制技术进行专门而细致的研究，这对于增加系统传输距离以及提高系统检测灵敏度而言，具有非常重大和现实的意义。光纤非线性领域的权威著作《非线性光纤光学》（美 Govind Agrawal 著）广泛地总结了前人对光纤非线性的研究成果，深入阐述了各种类型光纤非线性效应的相关理论、技术和应用，但缺乏针对实际光纤水听器系统中非线性效应的研究与阐述。比如，对于光纤水听器系统而言，相位噪声是非常重要的性能指标，其直接决定了系统的检测灵敏度。若要将相位噪声问题解释清楚，就涉及系统中相位噪声的来源、演化、测试、影响及抑制等一系列问题，而每个问题都具有较大难度，需要针对实际系统开展细致而深入的研究。这些研究的空白，对致力于以光纤水听器为代表的光纤传感领域研究的广大科技人员来说，是一个很大的遗憾，故亟须针对远程光纤水听器系统深入开展光纤非线性效应研究，这不仅对于非线性光纤光学领域是一个补充和完善，更重要的是有助于解决实际光纤水听器系统中出现的各类非线性问题，对于远程光纤水听器系统的设计和应用都具有重要的指导意义。

本书作者长期致力于光纤水听器系统的相关研究工作，对于限制远程光纤水听器系统性能的科学与技术问题具有深刻的理解和把握，在此基础上开展的远程光纤水听器系统非线性效应影响评估及抑制工作具有非常强的针对性。尤其是作者亲身参与到实际光纤水听器系统的工程应用中，使得针对系统非线性效应的研究具有较好的应用价值。

参 考 文 献

[1] Kao K C, Hockham G A. Dielectric-fibre surface waveguides for optical frequencies[C]. Proceedings of the Institution of Electrical Engineers, 1966: 1151-1158.

[2] Kapron F P, Keck D B, Maurer R. Letters, radiation losses in glass optical waveguides [J]. Applied Physics Letters, 1970, 17(10): 423-425.

[3] Ten S. Ultra low-loss optical fiber technology[C]. 2016 Optical Fiber Communications Conference and Exhibition (OFC), 2016: 1-3.

[4] Bucaro J A, Dardy H D, Carome E F. Fiber-optic hydrophone [J]. The Journal of the Acoustical Society of America, 1977, 62(5): 1302-1304.

[5] 廖延彪, 黎敏, 张敏, 等. 光纤传感技术与应用[M]. 北京: 清华大学出版社, 2009.

[6] 张仁和, 倪明. 光纤水听器的原理与应用[J]. 物理, 2004, 33(7): 503-507.

[7] 高学民. 光纤水听器及阵列的发展状况[J]. 光纤与电缆及其应用技术, 1996, 1: 48-51.

[8] Grattan T V, Sun D T. Fiber optic sensor technology: An overview[J]. Sensors and Actuators A: Physical, 2000, 82(1): 40-61.

[9] 倪明. 光纤水听器关键技术研究[D]. 北京: 中国科学院声学研究所, 2003.

[10] 廖延彪. 光纤光学[M]. 北京: 清华大学出版社, 2000.

[11] 倪明, 胡永明, 孟洲, 等. 数字化 PGC 解调光纤水听器的动态范围[J]. 激光与光电子学进展, 2005, 42(2): 33-37.

[12] 倪明, 张仁和, 胡永明, 等. 关于光纤水听器灵敏度的讨论[J]. 应用声学, 2002, 21(6): 18-21.

[13] Myron Struck. Naval Research Laboratory-developing future technology today[R]. Defense Electronics, 1991: 27-46.

[14] Su F. Developing large-scale multiplexed fiber optic arrays for geophysical applications, an interview with Mark Houston (Litton) and Philip Nash (DERA)[R]. OE Report, 2000.

[15] Eriksrud M. Seabed permanent reservoir monitoring (PRM)-A valid 4D seismic technology for fields in the North Sea[J]. First Break, 2014, 32(5): 67-73.

[16] Kamata H. Series: Realizing dreams-yesterday, today, tomorrow-an acoustics/ environmental sensing technology based on optical fiber sensors[J]. OKI Technical Review 189, 2002, 69: 43-47.

[17] Cole J H, Bucaro J A, Kirkendall C K, et al. The origin, history and future of fiber-optic interferometric acoustic sensors for US Navy applications[C]. Proceedings of SPIE-The International Society for Optical Engineering, 2011: 7753.

[18] Kirkendall C K, Davis A R, Dandridge A, et al. 64-Channel all-optical deployable array[R]. NRL Review, 1997: 63-65.

[19] Hill D J, Nash P J, Hawker S D, et al. Progress toward an ultra thin optical hydrophone array[C]. SPIE, 1998, 3483: 301-304.

[20] Nash P J, Cranch G A, Cheng L K, et al. A 32 element TDM optical hydrophone array[C]. SPIE, 1998, 3483: 238-242.

[21] Lagakos N, Schnaus E U, Cole J H, et al. Optimizing fiber coatings for interferometric acoustic sensors[J]. IEEE Transactions on Microwave Theory and Techniques, 1982, 30(4): 529-535.

[22] Havsagard G B, Wang G, Skagen P, et al. Four channel fiber optic hydrophone system[C]. SPIE, 2000, 4185: 215-218.

[23] Farsund Ø, Erbeia C, Lachaize C, et al. Design and field test of a 32-element fiber optic hydrophone system[C]. 15th Optical Fiber Sensors Conference Technical Digest Portland, 2002: 329-332.

[24] Nash P J, Latchem J, Cranch G, et al. Design, development and construction of fibre-optic bottom mounted array[C]. 15th Optical Fiber Sensors Conference Technical Digest, Portland, 2002: 333-336.

[25] United States Navy News Release[Z]. Release Nr. CA-2001-035, 2001.

[26] Remote Power All Optical FDS-C System[Z]. Commerce Business Daily Issue of July 9, 2001PSA#2888Awards, Award No. N00039-01-C-2226, Award date: July 3, 2001.

[27] Nash P. Review of interferometric optical fibre hydrophone technology[J]. IEE Proceedings-Radar, Sonar and Navigation, 1996, 143（3）: 204-209.

[28] Cranch G A, Nash P J. Large-scale multiplexing of interferometric fiber-optic sensors using TDM and DWDM[J]. Journal of Lightwave Technology, 2001, 19（5）: 687.

[29] Dandridge A, Yurek A M, Tventen A B. All optical towed array （AOTA） tow test results[C]. AFCEA '90, McLean, 1990.

[30] Yurek A M, Tveten A B, Phillips D N, et al. 16-Channel lightweight all-optical vertical line array[C]. Proceedings of OFS-93Conference, Florence, 1993: 4-6.

[31] Davis A R, Kirkendall C K, Tveten A B. 64 Channel all optical deployable array[C]. 12th International Conference on Optical Fiber Sensors, 1997.

[32] Deus A, Ames G, Dandridge A, et al. Thin Optical Towed Array 1996 （TOTA96） Lake Pend Oreille Test Report[R]. NUWC-NPT TR-10908, 1998.

[33] Cranch G A, Crickmore R, Kirkendall C K, et al. Acoustic performance of a large-aperture, seabed, fiber-optic hydrophone array[J]. The Journal of the Acoustical Society of America, 2004, 115（6）: 2848-2858.

[34] Dandridge A. Fiber optic interferometric sensors at sea[J]. Optics and Photonics News, 2019, 30（6）: 34-41.

[35] Liao Y, Austin E, Nash P. Highly scalable amplified hybrid TDM/DWDM array architecture for interferometric fiber-optic sensor systems[J]. Journal of Lightwave Technology, 2013（6）: 882-888.

[36] 孟洲, 胡永明, 熊水东. 全保偏光纤水听器阵列[J]. 中国激光, 2002, 29（5）: 415-417.

[37] 孟洲. 基于光频调制 PGC 解调的光纤水听器阵列技术研究[D]. 长沙: 国防科技大学, 2003.

[38] 胡永明, 孟洲, 熊水东. 干涉型全保偏光纤水听器阵列研制[J]. 声学学报, 2003, 28（2）: 155-158.

[39] Meng Z, Hu Y. Development of a 32-element fibre optic hydrophone system[C]. Fiber Optic Sensor Technology and Applications III, SPIE, 2004, 5589: 114-119.

[40] 梁迅. 光纤水听器系统噪声分析及抑制技术研究[D]. 长沙: 国防科技大学, 2008.

[41] 曹春燕. 光纤水听器阵列超远程光传输低噪声光放大链关键技术研究[D]. 长沙: 国防科技大学, 2013.

[42] 叶博, 谢勇, 葛辉良. 光纤水听器时分复用系统多点采集技术[C]. 2020 中国西部声学学术交流会论文集, 2020: 407-410.

[43] 郭振, 高侃, 杨辉, 等. 外径 20mm 的光纤光栅干涉型拖曳水听器阵列[J]. 光学学报, 2019, 39（11）: 84-89.

[44] Tian C, Wang L W, Zhang M. Performance improvement of PGC method by using lookup table for optical seismometer[C]. 20th International Conference on Optical Fibre Sensors, SPIE, 2009, 750348:1-4.

[45] Wu K, Zhang M, Liao Y B. Signal dependence of the phase-generated carrier method[J]. Optical Engineering, 2007, 46(10): 1-5.

[46] He J, Wang L, Li F, et al. An ameliorated phase generated carrier demodulation algorithm with low harmonic distortion and high stability[J]. Journal of Lightwave Technology, 2010, 28(22): 3258-3265.

[47] Wang G Q, Xu T W, Li F. PGC demodulation technique with high stability and low harmonic distortion[J]. Photonics Technology Letters, 2012, 24(23): 2093-2096.

[48] 王林, 何俊, 李芳, 等. 用于探测极低频信号的光纤传感器相位生成载波解调方法[J]. 中国激光, 2011, 38(4): 118-124.

[49] Tong Y W, Zeng H L, Li L Y. Improved phase generated carrier demodulation algorithm for eliminating light intensity disturbance and phase modulation amplitude variation[J]. Applied Optics, 2012, 51(29): 6962-6967.

[50] Hodgson C W, Digonnet M J F, Shaw H J. Large-scale interferometric fiber sensor arrays with multiple optical amplifiers[J]. Optics Letters, 1997, 22(21): 1651-1653.

[51] Cranch G A, Nash P J, Kirkendall C K. Large-scale remotely interrogated arrays of fiber-optic interferometric sensors for underwater acoustic applications [J]. IEEE Sensors Journal, 2003, 3(1): 19-30.

[52] Rao Y J, Feng S, Jiang Q, et al. Ultra-long distance (300km) fiber Bragg grating sensor system using hybrid EDF and Raman amplification[C]. Proceedings of SPIE, 2009, 7503: 1-4.

[53] Shimizu T, Nakajima K, Shiraki K, et al. Evaluation methods and requirements for the stimulated Brillouin scattering threshold in a single-mode fiber[J]. Optical Fiber Technology, 2008, 14: 10-15.

[54] Agrawal G P. Nonlinear Fiber Optics[M]. Beijing: Publishing House of Electronics Industry, 2002.

[55] Boyd R W, Rzazewski K. Noise initiation of stimulated Brillouin scattering[J]. Physical Review A, 1990, 42(9): 5514-5521.

[56] Nguyen-Vo N M, Pfeifer S J. A model of spontaneous Brillouin scattering as the noise source for stimulated scattering[J]. IEEE Journal of Quantum Electronics, 1993, 29(2): 508-514.

[57] Kovalev V I, Harrison R G. Observation of inhomogeneous spectral broadening of stimulated brillouin scattering in an optical fiber[J]. Physical Review Letters, 2000, 85(9):

1879-1882.

[58] Randoux S, Zemmouri J. Comment on "Observation of Inhomogeneous Spectral Broadening of Stimulated Brillouin Scattering in an Optical Fiber"[J]. Physical Review Letters, 2001, 88(2): 029401.

[59] Kovalev V I, Harrison R G. Kovalev and Harrison Reply[J]. Physical Review Letters, 2001, 88(2): 029402.

[60] Fotiadi A A, Kiyan R, Deparis O, et al. Statistical properties of stimulated Brillouin scattering in single-mode optical fibers above threshold[J]. Optics Letters, 2002, 27(2): 83-85.

[61] Kobyakov A, Darmanyan S A, Chowdhury D Q. Exact analytical treatment of noise initiation of SBS in the presence of loss[J]. Optics Communications, 2006, 260: 46-49.

[62] Jenkins R B, Sova R M, Joseph R I. Steady-state noise analysis of spontaneous and stimulated Brillouin scattering in optical fibers[J]. Journal of Lightwave Technology, 2007, 25(3): 763-770.

[63] Kovalev V I, Harrison R G. Threshold for stimulated Brillouin scattering in optical fiber[J]. Optics Express, 2007, 15(26): 17625-17630.

[64] Kovalev V I, Harrison R G, Simonotto J D. Emergence and collapse of coherent periodic emission in stochastic stimulated Brillouin scattering in an optical fiber[J]. Physical Review A, 2008, 78: 043820.

[65] Tartara L, Codemard C, Maran J N, et al. Full modal analysis of the Brillouin gain spectrum of an optical fiber[J]. Optics Communications, 2009, 282: 2431-2436.

[66] Tkach R W, Chraplyvy A R, Derosier R M. Spontaneous Brillouin scattering for single-mode optical-fiber characterisation[J]. Electronics Letters, 1986, 22(19): 1011-1013.

[67] Shibata N, Waarts R G, Braun R P. Brillouin-gain spectra for single-mode fibers having pure-silica, GeO$_2$-doped, and P$_2$O$_5$-doped cores[J]. Optics Letters, 1987, 12(4): 269-271.

[68] Nikles M, Thevenaz L, Robert P A. Brillouin gain spectrum characterization in single-mode optical fibers[J]. Journal of Lightwave Technology, 1997, 15(10): 1842-1851.

[69] Fry E, Katz J, Liu D H, et al. Temperature dependence of the Brillouin linewidth in water[J]. Journal of Modern Optics, 2002, 49(3): 411-418.

[70] Yeniay A, Delavaux J M, Toulouse J. Spontaneous and stimulated Brillouin scattering gain spectra in optical fibers[J]. Journal of Lightwave Technology, 2002, 20(8): 1425-1432.

[71] Villafranca A, Lazaro J A. Stimulated Brillouin scattering gain profile characterization by interaction between two narrow-linewidth optical sources[J]. Optics Express, 2005, 13(19): 7336-7341.

[72] Zou W W, He Z Y, Hotate K. Analysis on the influence of intrinsic thermal stress on Brillouin gain spectra in optical fibers[C]. Proc. of SPIE, 2006, 6371: 637104.

[73] Kovalev V I, Harrison R G. Means for easy and accurate measurement of the stimulated Brillouin scattering gain coefficient in optical fiber[J]. Optics Letters, 2008, 33(21): 2434-2436.

[74] Lanticq V, Jiang S F, Gabet R, et al. Self-referenced and single-ended method to measure Brillouin gain in monomode optical fibers[J]. Optics Letters, 2009, 34(7): 1018-1020.

[75] Lee J H, Song K Y, Yoon H J, et al. Brillouin gain-coefficient measurement for bismuth-oxide-based photonic crystal fiber under significant beam reflection at splicing points[J]. Optics Letters, 2009, 34(17): 2670-2672.

[76] Dragic P D, Ward B G. Accurate modeling of the intrinsic Brillouin linewidth via finite-element analysis[J]. IEEE Photonics Technology Letters, 2010, 22(22): 1698-1700.

[77] Mizuno Y, Nakamura K. Experimental study of Brillouin scattering in perfluorinated polymer optical fiber at telecommunication wavelength[J]. Applied Physics Letters, 2010, 97: 021103.

[78] Galindez C A, Ullan A, Madruga F J, et al. Brillouin gain spectrum tailoring technique by using fiber concatenation and strain for fiber devices[J]. Microwave and Optical Technology Letters, 2010, 52(4): 787-790.

[79] Mizuno Y, Ishigure T, Nakamura K. Brillouin gain spectrum characterization in perfluorinated graded-index polymer optical fiber with 62.5-m core diameter[J]. IEEE Photonics Technology Letters, 2011, 23(24): 1863-1865.

[80] PreuBler S, Wiatrek A, Jamshidi K, et al. Brillouin scattering gain bandwidth reduction down to 3.4MHz[J]. Optics Express, 2011, 19(9): 8565-8570.

[81] Wiatrek A, PreuBler S, Jamshidi K, et al. Frequency domain aperture for the gain bandwidth reduction of stimulated Brillouin scattering[J]. Optics Letters, 2012, 37(5): 930-932.

[82] Mamdem Y S, Burov E, de Montmorillon L A, et al. Importance of residual stresses in the Brillouin gain spectrum of single mode optical fibers[J]. Optics Express, 2012, 20(2): 1790-1797.

[83] Aoki Y, Tajima K, Mito I. Input power limits of single-mode optical fibers due to stimulated Brillouin scattering in optical communication systems[J]. Journal of Lightwave Technology, 1988, 6(5): 710-719.

[84] Lichtman E, Waarts R G, Friesem A A. Stimulated Brillouin scattering excited by a modulated pump wave in single-mode fibers[J]. Journal of Lightwave Technology, 1989,

7(1): 171-174.

[85] Dammig M, Zinner G, Mitschke F, et al. Stimulated Brillouin scattering in fibers with and without external feedback[J]. Physical Review A, 1993, 48(4): 3301-3309.

[86] Kim H S, Kim S H, Ko D K, et al. Threshold reduction of stimulated Brillouin scattering by the enhanced Stokes noise initiation[J]. Applied Physics Letters, 1999, 74: 1358-1360.

[87] Russell T H, Roh W B. Threshold of second-order stimulated Brillouin scattering in optical fiber[J]. Journal of Optical Society of America B, 2002, 19(10): 2341-2345.

[88] Mocofanescu A, Wang L, Jain R, et al. SBS threshold for single mode and multimode GRIN fibers in an all fiber configuration[J]. Optics Express, 2005, 13(6): 2019-2024.

[89] 沈一春, 宋牟平, 章献民, 等. 单模光纤中受激布里渊散射阈值研究[J]. 中国激光, 2005, 32(4): 497-500.

[90] 吕捷, 于晋龙, Hsu H, 等. 光纤通信中声子损耗对受激布里渊散射的影响[J]. 光电子激光, 2005, 16(11): 1321-1324.

[91] Li M J, Chen X, Wang J, et al. Al/Ge co-doped large mode area fiber with high SBS threshold[J]. Optics Express, 2007, 15(13): 8290-8299.

[92] Kovalev V I, Harrison R G. Abnormally low threshold gain of stimulated Brillouin scattering in long optical fiber with feedback[J]. Optics Express, 2008, 16(16): 12272-12277.

[93] Ferrario M, Marazzi L, Boffi P, et al. Impact of Rayleigh backscattering on stimulated Brillouin scattering threshold evaluation for 10Gb/s NRZ-OOK signals[J]. Optics Express, 2009, 17(20): 18110-18115.

[94] Massey S M, Russell T H. The Effect of phase conjugation fidelity on stimulated Brillouin scattering threshold[J]. IEEE Journal of Selected Topics in Quantum Electronics, 2009, 15(2): 399-405.

[95] Shi J, Chen X, Ouyang M, et al. Theoretical investigation on the threshold value of stimulated Brillouin scattering in terms of laser intensity[J]. Applied Physics B, 2009, 95: 657-660.

[96] Ajiya M, Mahdi M A, Al-Mansoori M H, et al. Reduction of stimulated Brillouin scattering threshold through pump recycling technique[J]. Laser Physics Letters, 2009, 6(7): 535-538.

[97] Gao W, Lu Z W, Wang S Y, et al. Measurement of stimulated Brillouin scattering threshold by the optical limiting of pump output energy[J]. Laser and Particle Beams, 2010, 28: 179-184.

[98] Harrison R G, Uppal J S, Johnstone A, et al. Evidence of chaotic stimulated Brillouin scattering in optical fibers[J]. Physical Review Letters, 1990, 65(2): 167-170.

[99] Gaeta A L, Boyd R W. Stochastic dynamics of stimulated Brillouin scattering in an optical fiber[J]. Physical Review A, 1991, 44(5): 3205-3209.

[100] Horowitz M, Chraplyvy A R, Tkach R W, et al. Broadband transmitted intensity noise induced by Stokes and anti-Stokes Brillouin scattering in single-mode fibers[J]. IEEE Photonics Technology Letters, 1997, 9(1): 124-126.

[101] Peral E, Yariv A. Degradation of modulation and noise characteristics of semiconductor lasers after propagation in optical fiber due to a phase shift induced by stimulated Brillouin scattering[J]. Journal of Quantum Electronics, 1999, 35(8): 1185-1195.

[102] Zhang J. Intensity noise induced by stimulated Brillouin scattering in optical fiber transmission systems[D]. Evanston: Northwestern University, 2005.

[103] Cotter D. Suppression of stimulated Brillouin scattering during transmission of high-power narrowband laser light in monomode fibre[J]. Electronics Letters, 1982, 18(15): 638-640.

[104] Yoshizawa N, Imai T. Stimulated Brillouin scattering suppression by means of applying strain distribution to fiber with cabling[J]. Journal of Lightwave Technology, 1993, 11(10): 1518.

[105] Oliveira C A S, Jen C K, Shang A, et al. Stimulated Brillouin scattering in cascaded fibers of different Brillouin frequency shifts[J]. Journal of the Optical Society of America B, 1993, 10(6): 969-972.

[106] Willems F W, Muys W, Leong J S. Simultaneous suppression of stimulated Brillouin scattering and interferometric noise in externally modulated lightwave AM-SCM systems[J]. IEEE Photonics Technology Letters, 1994, 6(12): 1476-1478.

[107] Shiraki K, Ohashi M, Tateda M. Suppression of stimulated Brillouin scattering in a fibre by changing the core radius[J]. Electronics Letters, 1995, 31(8): 668-670.

[108] 杨建良, 查开德. 光纤 AM-CATV 系统附加相位调制法的研究[J]. 电视技术, 1999, 990511.

[109] 杨建良, 查开德. 光纤 AM-CATV 系统外调制传输系统中双频调相抑制 SBS 的理论分析[J]. 中国激光, 2000, 27(8): 724-728.

[110] 杨建良, 查开德, 涂涛. 外调制光纤 CATV 中 SBS 与 MPI 的激光器高频微扰抑制理论分析[J]. 光子学报, 2000, 29(1): 53-56.

[111] Hansryd J, Dross F, Westlund M, et al. Increase of the SBS threshold in a short highly nonlinear fiber by applying a temperature distribution[J]. Journal of Lightwave Technology, 2001, 19(11): 1691.

[112] Kobyakov A, Kumar S, Chowdhury D Q, et al. Design concept for optical fibers with enhanced SBS threshold[J]. Optics Express, 2005, 13(14): 5338-5346.

[113] Chavez Boggio J M, Marconi J D, Fragnito H L. Experimental and numerical investigation of the SBS-threshold increase in an optical fiber by applying strain distributions[J]. Journal of Lightwave Technology, 2005, 23(11): 3808-3814.

[114] 李长春. 色散补偿对 SBS 效应抑制作用的研究. 光学与光电技术, 2005, 3(5): 9-11.

[115] Ward B, Spring J. Finite element analysis of Brillouin gain in SBS suppressing optical fibers with non-uniform acoustic velocity profiles[J]. Optics Express, 2009, 17(18): 15685-15699.

[116] Mitchell P, Janssen A, Luo J K. High performance laser linewidth broadening for stimulated Brillouin suppression with zero parasitic amplitude modulation[J]. Journal of Applied Physics, 2009, 105: 093104.

[117] Petit S, Kurosu T, Takahashi M, et al. Continuously tunable wavelength converter by four-wave mixing in SBS suppressed highly nonlinear fibre[J]. Electronics Letters, 2009, 45(21): 1084-1085.

[118] Liu Y F, Lu Z W, Dong Y K, et al. Research on stimulated Brillouin scattering suppression based on multi-frequency phase modulation[J]. Chinese Optics Letters, 2009, 7(1): 29-31.

[119] Lu B, Gong T R, Chen M, et al. Suppression of stimulated Brillouin scattering with phase modulator in soliton pulse compression[J]. Chinese Optics Letters, 2009, 7(7): 656-658.

[120] Waarts R G, Braun R P. Crosstalk due to stimulated Brillouin scattering in monomode fibre[J]. Electronics Letters, 1985, 21(23): 1114-1115.

[121] Sugie T. Transmission limitations of CPFSK coherent lightwave systems due to stimulated Brillouin scattering in optical fiber[J]. Journal of Lightwave Technology, 1991, 9(9): 1145-1155.

[122] Fishman D A, Nagel J A. Degradations due to stimulated Brillouin scattering in multigigabit intensity-modulated fiber-optic systems[J]. Journal of Lightwave Technology, 1993, 11(11): 1721-1728.

[123] Deventer M O, Tol J J G M, Boot A J. Power penalties due to Brillouin and Rayleigh scattering in a bidirectional coherent transmission system[J]. IEEE Photonics Technology Letters, 1994, 6(2): 291-294.

[124] Djupsjöbacka A, Jacobsen G, Tromborg B. Dynamic stimulated Brillouin scattering analysis[J]. Journal of Lightwave Technology, 2000, 18(3): 416-424.

[125] Hill K O, Johnson D C, Kawasaki S, et al. CW three-wave mixing in single-mode optical fibers[J]. Journal of Applied Physics, 1978, 49(10): 5098-5106.

[126] Shibata N, Braun R P, Waarts R G. Phase-mismatch dependence of efficiency of wave generation through four-wave mixing in a single-mode optical fiber[J]. Journal of Quantum

Electronics, 1987, QE-23(7): 1205-1210.

[127] Shibata N, Azuma Y, Tateda M, et al. Experimental verification of efficiency of wave generation through four-wave mixing in low-loss dispersion-shifted single-mode optical fibre[J]. Electronics Letters, 1988, 24(24): 1528-1529.

[128] Inoue K. Polarization effect on four-wave mixing efficiency in a single-mode fiber[J]. Journal of Quantum Electronics, 1992, 28(4): 883-894.

[129] Inoue K. Experimental study on channel crosstalk due to fiber four-wave mixing around the zero-dispersion wavelength[J]. Journal of Lightwave Technology, 1994, 12(6): 1023-1028.

[130] Onaka H, Otsuka K, Miyata H, et al. Measuring the longitudinal distribution of four-wave mixing efficiency in dispersion-shifted fibers[J]. IEEE Photonics Technology Letters, 1994, 6(12): 1454-1456.

[131] Inoue K, Toba H. Fiber four-wave mixing in multi-amplifier systems with nonuniform chromatic dispersion[J]. Journal of Lightwave Technology, 1995, 13(1): 88-93.

[132] Hedekvist P O, Andrekson P A, Bertilsson K. Impact of spectral inverter fiber length on four-wave mixing efficiency and signal distortion[J]. Journal of Lightwave Technology, 1995, 13(9): 1815-1819.

[133] Darwish A M, Ippen E P, Le H Q, et al. Optimization of fourwave mixing conversion efficiency in the presence of nonlinear loss[J]. Applied Physics Letters, 1996, 69: 737-739.

[134] 宋健, 范崇澄. 波分复用系统中四波混频引入光信噪比的恶化及其抑制[J]. 通信学报, 1996, 17(1): 120-125.

[135] Chavez Boggio J M, Grosz D F, Guimaraes A, et al. Signal amplification by four-wave mixing in low-dispersion optical fibers[J]. Microwave and Optical Technology Letters, 1999, 23(5): 318-321.

[136] Tsuji K, Yokota H, Saruwatari M. Influence of dispersion fluctuations on four-wave mixing efficiency in optical fibers[J]. Electronics and Communications in Japan, 2002, 85(8): 1075-1082.

[137] Kawanami K, Ishizawa Y, Imai M, et al. Polarization dependence of four-wave mixing in dispersion-shifted fibers and its application to nonlinear refractive index measurements using maximum mixing efficiency[J]. Electronics and Communications in Japan, 2004, 87(3): 130-138.

[138] 刘艳, 李康, 孔繁敏, 等. 四波混频功率估计的数值仿真[J]. 山东大学学报(理学版), 2004, 39(1): 79-83.

[139] Ono H, Yamada M. Four-wave mixing crosstalk measurement in a highly doped L-band erbium-doped fiber amplifier by using half of the signal channels[J]. Journal of Lightwave

Technology, 2008, 26(14): 2175-2183.

[140] Kaur G, Singh M L. Effect of four-wave mixing in WDM optical fibre systems[J]. Optik, 2009, 120: 268-273.

[141] Jr. S. A C, Marconi J D, Hernandez-Figueroa H E, et al. Broadband cascaded four-wave mixing by using a three-pump technique in optical fibers[J]. Optics Communications, 2009, 282: 4436-4439.

[142] Wang L, Ban W Z, Song Y, et al. Effect of FWM output power induced by phase modulation in optical fiber communication[C]. PIERS Proceedings, 2009: 1874-1878.

[143] Inoue K. Phase-mismatching characteristic of four-wave mixing in fiber lines with multistage optical amplifiers[J]. Optics Letters, 1992, 17(11): 801-803.

[144] Inoue K. Four-wave mixing in an optical fiber in the zero-dispersion wavelength region[J]. Journal of Lightwave Technology, 1992, 10(11): 1553-1561.

[145] Yamamoto T, Nakazawa M. Highly efficient four-wave mixing in an optical fiber with intensity dependent phase matching[J]. IEEE Photonics Technology Letters, 1997, 9(3): 327-329.

[146] Song S X, Allen C T, Demarest K R, et al. Intensity-dependent phase-matching effects on four-wave mixing in optical fibers[J]. Journal of Lightwave Technology, 1999, 17(11): 2285-2290.

[147] Schroder J, Boucon A, Coen S, et al. Interplay of four-wave mixing processes with a mixed coherent-incoherent pump[J]. Optics Express, 2010, 18(25): 25833-25838.

[148] Maeda M W, Sessa W B, Way W I, et al. The effect of four-wave mixing in fibers on optical frequency-division multiplexed systems[J]. Journal of Lightwave Technology, 1990, 8(9): 1402-1408.

[149] Inoue K, Nakanishi K, Oda K, et al. Crosstalk and power penalty due to fiber four-wave mixing in multichannel transmissions[J]. Journal of Lightwave Technology, 1994, 12(8): 1423-1439.

[150] Yu A, OMahony M J. Effect of four-wave mixing on amplified multiwavelength transmission systems[J]. Electronics Letters, 1994, 30(11): 876-878.

[151] Zeiler W, Pasquale F D, Bayvel P, et al. Modeling of four-wave mixing and gain peaking in amplified WDM optical communication systems and networks[J]. Journal of Lightwave Technology, 1996, 14(9): 1933-1942.

[152] Hamazumi Y, Koga M, Sato K. Beat induced crosstalk reduction against wavelength difference between signal and four-wave mixing lights in unequal channel spacing WDM transmission[J]. IEEE Photonics Technology Letters, 1996, 8(5): 718-720.

[153] Taga H. Long distance transmission experiments using the WDM technology[J]. Journal of Lightwave Technology, 1996, 14(6): 1287-1298.

[154] Eiselt M. Limits on WDM systems due to four-wave mixing: A statistical approach[J]. Journal of Lightwave Technology, 1999, 17(11): 2261-2267.

[155] Wegener L G L, Povinelli M L, Green A G, et al. The effect of propagation nonlinearities on the information capacity of WDM optical fiber systems: Cross-phase modulation and four-wave mixing[J]. Physica D, 2004, 189: 81-99.

[156] Akhtar A, Pavel L, Kumar S. Modeling and analysis of the contribution of channel walk-off to nondegenerate and degenerate four-wave-mixing noise in RZ-OOK optical transmission systems[J]. Journal of Lightwave Technology, 2006, 24(11): 4269-4285.

[157] Singh S P, Kar S, Jain V K. Performance of all-optical WDM network in presence of four-wave mixing, optical amplifier noise, and wavelength converter noise[J]. Fiber and Integrated Optics, 2007, 26: 79-97.

[158] Gao Y, Zhang F, Chen Z Y, et al. Statistics of intra-channel four-wave mixing induced phase noise in coherent RZ-DQPSK transmission systems[C]. Proceedings of SPIE, 2008, 7136: 71362R.

[159] Yang D, Kumar S. Intra-channel four-wave mixing impairments in dispersion-managed coherent fiber-optic systems based on binary phase-shift keying[J]. Journal of Lightwave Technology, 2009, 27(14): 2916-2923.

[160] 杜建新. DWDM 系统非简并四波混频串扰的分析[J]. 物理学报, 2009, 58(2): 1046-1052.

[161] Inoue K. Fiber four-wave mixing suppression using two incoherent polarized lights[J]. Journal of Lightwave Technology, 1993, 11(12): 2116-2122.

[162] Forghieri F, Tkach R W, Chraplyvy A R, et al. Reduction of four-wave mixing crosstalk in WDM systems using unequally spaced channels[J]. IEEE Photonics Technology Letters, 1994, 6(6): 754-756.

[163] Forghieri F, Tkach R W, Chraplyvy A R. WDM systems with unequally spaced channels[J]. Journal of Lightwave Technology, 1995, 13(5): 889-897.

[164] Chang K D, Yang G C, Kwong W C. Determination of FWM products in unequal-spaced-channel WDM lightwave systems[J]. Journal of Lightwave Technology, 2000, 18(12): 2113-2122.

[165] Bogoni A, Poti L. Effective channel allocation to reduce inband FWM crosstalk in DWDM transmission systems[J]. Journal of Selected Topics in Quantum Electronics, 2004, 10(2): 387-392.

[166] Lee J S, Lee D H, Park C S. Periodic allocation of a set of unequally spaced channels for

WDM systems adopting dispersion-shifted fibers[J]. IEEE Photonics Technology Letters, 1998, 10(6): 825-827.

[167] Nakajima K, Ohashi M, Shiraki K, et al. Four-wave mixing suppression effect of dispersion distributed fibers[J]. Journal of Lightwave Technology, 1999, 17(10): 1814-1822.

[168] Thing V L L, Shum P, Rao M K. Bandwidth-efficient WDM channel allocation for four-wave mixing-effect minimization[J]. Transactions on Communications, 2004, 52(12): 2184-2189.

[169] Ito Y, Onishi J, Kojima S, et al. Influence of modulation formats on FWM noises in FDM optical fiber transmission systems[J]. Optics Communications, 2008, 281: 4515-4522.

[170] Ito Y, Tamo T, Numai T. Reduction of four-wave mixing noises in FDM optical fiber transmission systems with quaternary bit-phase arranged return-to-zero[J]. Optics Communications, 2009, 282: 3989-3994.

[171] Jia N, Li T J, Zhong K P, et al. Suppression intra-channel four-wave mixing by strong dispersion management in 160Gb/s OTDM RZ 100km transmission[J]. Chinese Science Bulletin, 2011, 56(25): 2744-2747.

[172] Foaleng S M, Thevenaz L. Impact of Raman scattering and modulation instability on the performances of Brillouin sensors[C]. Proceedings of SPIE, 2011, 7753: 77539V.

[173] Matera F, Mecozzi A, Romagnoli M, et al. Sideband instability induced by periodic power variation in long-distance fiber links[J]. Optics Letters, 1993, 18(18): 1499-1501.

[174] Yu M, Agrawal G P, McKinstrie C J. Pump-wave effects on the propagation of noisy signals in nonlinear dispersive media[J]. Journal of Optical Society of America B, 1995, 12(6): 1126-1132.

[175] Murdoch S G, Thomson M D, Leonhardt R, et al. Quasi-phase-matched modulation instability in birefringent fibers[J]. Optics Letters, 1997, 22(10): 682-684.

[176] Seve E, Millot G, Trillo S. Strong four-photon conversion regime of cross-phase-modulation-induced modulational instability[J]. Physical Review E, 2000, 61(3): 3139-3150.

[177] Simaeys G V, Emplit P, Haelterman M. Experimental study of the reversible behavior of modulational instability in optical fibers[J]. Journal of Optical Society of America B, 2002, 19(3): 477-486.

[178] Pitois S, Millot G. Experimental observation of a new modulational instability spectral window induced by fourth-order dispersion in a normally dispersive single-mode optical fiber[J]. Optics Communications, 2003, 226: 415-422.

[179] Amans D, Brainis E, Massar S. Higher order harmonics of modulational instability[J].

Physical Review E, 2005, 72: 066617.

[180] Dinda P T, Nagbireng C M, Porsezian K, et al. Modulational instability in optical fibers with arbitrary higher-order dispersion and delayed Raman response[J]. Optics Communications, 2006, 266: 142-150.

[181] Mussot A, Kudlinski A, Louvergneaux E, et al. Impact of the third-order dispersion on the modulation instability gain of pulsed signals[J]. Optics Letters, 2010, 35(8): 1194-1196.

[182] Betti S, Duca E, Giaconi M, et al. Modulation instability and conservation of energy: Toward a new model[J]. Microwave and Optical Technology Letters, 2011, 53(10): 2411-2414.

[183] Bejot P, Kibler B, Hertz E, et al. General approach to spatiotemporal modulational instability processes[J]. Physical Review A, 2011, 83: 013830.

[184] Li J H, Chiang K S, Chow K W. Modulation instabilities in two-core optical fibers[J]. Journal of Optical Society of America B, 2011, 28(7): 1693-1701.

[185] Sarma A K, Saha M. Modulational instability of coupled nonlinear field equations for pulse propagation in a negative index material embedded into a Kerr medium[J]. Journal of Optical Society of America B, 2011, 28(4): 944-948.

[186] Dudley J M, Genty G, Dias F, et al. Modulation instability, Akhmediev Breathers and continuous wave supercontinuum generation[J]. Optics Express, 2009, 17(24): 21497-21508.

[187] Kibler B, Fatome J, Finot C, et al. The Peregrine soliton in nonlinear fibre optics[J]. Nature Physics, 2010, 6: 790-795.

[188] 钟先琼, 向安平. 饱和非线性下零色散附近的交叉相位调制非稳[J]. 光子学报, 2009, 38(6): 1380-1385.

[189] 钟先琼, 向安平. 高阶色散和饱和非线性下的交叉相位调制不稳定性[J]. 中国激光, 2009, 36(2): 391-397.

[190] 胡涛平, 颜森林, 罗青. 零色散附近的交叉相位调制不稳定性分析[J]. 光子学报, 2006, 35(9): 1367-1373.

[191] 胡涛平, 罗青, 颜森林, 等. 五阶非线性下零色散附近的调制不稳定性[J]. 光子学报, 2008, 37(7): 1325-1328.

[192] 任志君, 王晶, 杨爱玲, 等. 五次非线性对光纤反常色散区调制不稳定性的影响[J]. 中国激光, 2004, 31(5): 595-598.

[193] 任志君, 王辉, 金洪震, 等. 具有高阶色散项的交叉相位调制不稳定性分析[J]. 光学学报, 2005, 25(2): 165-168.

[194] 杨慧敏, 朱宏娜. 光纤中的交叉相位调制不稳定性研究[J]. 光通信研究, 2008, 145:

29-32.

[195] 张书敏, 徐文成. 零色散附近的调制不稳定性[J]. 半导体光电, 2001, 22(6): 390-393.

[196] 黄菁, 赖声礼. 调制不稳定性对波分复用系统的影响[J]. 光电子激光, 2002, 13(5): 483-486.

[197] Xu Z Y, Li L, Li Z H, et al. Modulation instability and solitons on a CW background in an optical fiber with higher-order effects[J]. Physical Review E, 2003, 67: 026603.

[198] Hermansson B, Yevick D. Modulational instability effects in PSK modulated coherent fiber systems and their reduction by optical loss[J]. Optics Communications, 1984, 52(2): 99-102.

[199] Christensen N, Leonhardt R, Harvey J D. Noise characteristics of cross-phase modulation instability light[J]. Optics Communications, 1993, 101: 205-212.

[200] Miyamoto Y, Kataoka T, Sano A, et al. 10Gbit/s, 280km nonrepeatered transmission with suppression of modulation instability[J]. Electronics Letters, 1994, 30(10): 797-798.

[201] Saunders R A, Patel B L, Garthe D. System penalty at 10Gb/s due to modulation instability and its reduction using dispersion compensation[J]. IEEE Photonics Technology Letters, 1997, 9(5): 699-701.

[202] Hui R Q, O'Sullivan M, Robinson A, et al. Modulation instability and its impact in multispan optical amplified IMDD systems: Theory and experiments[J]. Journal of Lightwave Technology, 1997, 15(7): 1071-1082.

[203] Dinda P T, Millot G, Louis P. Simultaneous achievement of suppression of modulational instability and reduction of stimulated Raman scattering in optical fibers by orthogonal polarization pumping[J]. Journal of Optical Society of America B, 2000, 17(10): 1730-1739.

[204] Gordon A, Fischer B. Inhibition of modulation instability in lasers by noise[J]. Optics Letters, 2003, 28(15): 1326-1328.

[205] Kumar A, Labruyere A, Dinda P T. Modulational instability in fiber systems with periodic loss compensation and dispersion management[J]. Optics Communications, 2003, 219: 221-232.

[206] Alahbabi M N, Cho Y T, Newson T P, et al. Influence of modulation instability on distributed optical fiber sensors based on spontaneous Brillouin scattering[J]. Journal of Optical Society of America B, 2004, 21(6): 1156-1160.

[207] Alasia D, Herraez M G, Abrardi L, et al. Detrimental effect of modulation instability on distributed optical fibre sensors using stimulated Brillouin scattering[C]. Proceedings of SPIE, 2005, 5855: 587-590.

[208] Tang X F, Wu Z Y. Suppressing modulation instability in midway optical phase conjugation systems by using dispersion compensation[J]. IEEE Photonics Technology Letters, 2005, 17(4): 926-928.

[209] Hickmann J M, Cavalcanti S B, Borges N M, et al. Modulational instability in semiconductor-doped glass fibers with saturable nonlinearity[J]. Optics Letters, 1993, 18(3): 182-184.

[210] Sauter A, Pitois S, Millot G, et al. Incoherent modulation instability in instantaneous nonlinear Kerr media[J]. Optics Letters, 2005, 30(16): 2143-2145.

[211] Tehranchi A, Granpayeh N. Induced modulational instability in EDFAs in the presence of higher-order nonlinear and dispersive effects[J]. Opt Quant Electron, 2007, 39: 651-658.

[212] Labruyere A, Ambomo S, Ngabireng C M, et al. Suppression of sideband frequency shifts in the modulational instability spectra of wave propagation in optical fiber systems[J]. Optics Letters, 2007, 32(10): 1287-1289.

[213] Hammani K, Finot C, Millot G. Emergence of extreme events in fiber-based parametric processes driven by a partially incoherent pump wave[J]. Optics Letters, 2009, 34(8): 1138-1140.

[214] Turitsyn S K, Rubenchik A M, Fedoruk M P. On the theory of the modulation instability in optical fiber amplifiers[J]. Optics Letters, 2010, 35(16): 2684-2686.

[215] Rubenchik A M, Turitsyn S K, Fedoruk M P. Modulation instability in high power laser amplifiers[J]. Optics Express, 2010, 18(2): 1380-1388.

[216] Babin S A, Ismagulov A E, Podivilov E V, et al. Modulation instability at propagation of narrowband 100-ns pulses in optical fibers of various types[J]. Laser Physics, 2010, 20(2): 334-340.

[217] Xiang Y J, Dai X Y, Wen S C, et al. Modulation instability in metamaterials with saturable nonlinearity[J]. Journal of Optical Society of America B, 2011, 28(4): 908-916.

[218] Droques M, Barviau B, Kudlinski A, et al. Symmetry-breaking dynamics of the modulational instability spectrum[J]. Optics Letters, 2011, 36(8): 1359-1361.

[219] Kikuchi K, Lorattanasane C. Design of highly efficient four-wave mixing devices using optical fibers[J]. IEEE Photonics Technology Letters, 1994, 6(8): 992-994.

[220] Tanemura T, Goh C S, Kikuchi K et al. Highly efficient arbitrary wavelength conversion within entire C-band based on nondegenerate fiber four-wave mixing[J]. IEEE Photonics Technology Letters, 2004, 16(2): 551-553.

[221] Han S H, Park C S, Hann S, et al. Millimeter-wave carrier generation by optical frequency multiplication using stimulated Brillouin scattering and four-wave mixing[J]. Microwave

and Optical Technology Letters, 2011, 53(9): 2185-2189.

[222] Yeh C H, Chow C W, Wu Y F, et al. Stable multiwavelength semiconductor laser using FWM and SBS-assisted filter[J]. IEEE Photonics Technology Letters, 2011, 23(21): 1627-1629.

[223] Petit S, Kurosu T, Takahashi M, et al. Low penalty uniformly tunable wavelength conversion without spectral inversion over 30nm using SBS-suppressed low-dispersion-slope highly nonlinear fibers[J]. IEEE Photonics Technology Letters, 2011, 23(9): 546-548.

[224] Tang J G, Sun J Q, Chen T, et al. A stable optical comb with double-Brillouin-frequency spacing assisted by multiple four-wave mixing processes[J]. Optical Fiber Technology, 2011, 17: 608-611.

[225] Grosz D F, Fragnito H L. Power modulation due to modulation instability effects in WDM optical communication systems[J]. Microwave and Optical Technology Letters, 1998, 18(4): 275-278.

[226] Grosz D F, Fragnito H L. Pulse distortion and induced penalties due to modulation instability in WDM systems[J]. Microwave and Optical Technology Letters, 1998, 19(2): 149-152.

[227] Grosz D F, Mazzali C, Celaschi S, et al. Modulation instability induced resonant four-wave mixing in WDM systems[J]. IEEE Photonics Technology Letters, 1999, 11(3): 379-381.

[228] Jisha C P, Kuriakose V C, Porsezian K, et al. Modulational instability of optical beams in photorefractive media due to two-wave or parametric four-wave mixing effects[J]. Journal of Optics A, 2008, 10: 115101.

[229] Liu X M. Enhanced efficiency of multiple four-wave mixing induced by modulation instability in low-birefringence fibers[J]. Journal of Lightwave Technology, 2011, 29(2): 179-185.

[230] Armaroli A, Trillo S. Collective modulation instability of multiple four-wave mixing[J]. Optics Letters, 2011, 36(11): 1999-2001.

[231] Zhu Y H, Cabrera-Granado E, Calderon O G, et al. Competition between the modulation instability and stimulated Brillouin scattering in a broadband slow light device[J]. Journal of Optics, 2010, 12: 104019.

[232] 孟洲, 陈伟, 王建飞, 等. 光纤水听器技术的研究进展[J]. 激光与光电子学进展, 2021, 58(3): 1306009.

[233] Meng Z, Chen W, Wang J, et al. Recent progress in fiber-optic hydrophones[J]. Photonic Sensors, 2021, 11(1): 109-122.

[234] 曹春燕，胡宁涛，熊水东，等. 光纤水听器远程全光放大系统相位噪声研究[J]. 光学学报，2023，43（11）：1106001.

[235] 戚悦，尚凡，马丽娜，等. 匹配干涉型光纤水听器中的动态不连续性瑞利散射噪声研究[J]. 光学学报，2022，42（23）：12.

[236] 钟秋文，程壮，乔正明，等. 100km传输光纤水听器系统低频噪声自适应消除技术[J]. 光电子技术，2022，42（1）：5.

[237] 曹春燕，胡宁涛，侯庆凯，等. 光纤水听器远程系统非线性串扰抑制[J]. 光学学报，2022，42（16）：6.

[238] 郭银景，王蕾，苏铭玥，等. 光纤水听器解调技术研究进展[J]. 光谱学与光谱分析，2022，42（4）：5.

[239] 胡晓阳，陈伟，孟洲，等. 远程光纤水听器系统中光学非线性效应研究进展[J]. 半导体光电，2022，43（4）：6.

第2章

远程光纤水听器系统光放大技术

随着光纤水听器技术的日趋成熟以及应用需求的不断提升，光纤水听器系统的规模不断扩大，光纤传输距离也扩展至百公里量级，传输距离的增加与光纤水听器阵列规模的不断扩大导致系统光损耗急剧增加。因此，为了保证光纤水听器系统正常工作，必须对远程传输的光信号进行有效放大。目前应用于光纤传输系统的光放大器主要为掺杂离子光纤放大器和非线性光纤放大器。掺杂离子光纤放大器利用掺杂离子的受激辐射跃迁原理，考虑到光纤通信与光纤传感系统的优选波段在光纤低损耗窗口（1530～1565nm，C 波段），故在此波段最常用的掺杂离子光纤放大器是掺铒光纤放大器（Erbium-doped Fiber Amplifier，EDFA）。而非线性光纤放大器利用光纤中的非线性效应，将其他光频的光功率转移到信号光频上，从而实现光放大，增益介质为传输光纤本身。光纤通信和光纤传感系统中最常用的非线性光纤放大器为光纤拉曼放大器（Fiber Raman Amplifier，FRA），其因增益带宽宽、噪声低、增益谱可配置等优点受到广泛关注。本章依次介绍掺铒光纤放大、光纤拉曼放大和混合光放大三种光放大技术，并给出光放大技术在光纤水听器系统中的应用实例。

2.1 掺铒光纤放大技术

掺铒光纤放大器利用光纤中掺杂的铒离子的增益机制实现光放大，其优点是结构简单、耦合损耗小、增益高、偏振无关、泵浦功率低、工作稳定可靠、性价比高，最为关键的是，其增益谱刚好覆盖 C 波段，所以在光纤传输网络中有较好的应用。

2.1.1　发展历程

EDFA 最早出现于 20 世纪 80 年代。1987 年，英国南安普敦大学和美国 Bell 实验室报道了稀土元素铒(Erbium，Er)在光纤中可以提供 1.55μm 波长处的增益，标志着 EDFA 的研究取得突破性进展。1990 年，G. J. Cowle 测量得到了由 EDFA 的相位噪声引起的频谱展宽，认为其展宽程度小于 20kHz，不会影响 EDFA 在相干系统中的调制，这个结论对于 EDFA 在光纤传感领域中的应用具有较大价值[1]。1991 年，C. R. Giles 等提出了 980nm 泵浦和 1480nm 泵浦 EDFA 的 Giles 模型，并进行了实验验证，该模型被后面的研究者广泛应用，为 EDFA 的研究提供了理论基础[2]。

自此以后的十几年时间里，国外的 EDFA 研究转入优化结构、改善性能的阶段[3,4]，陆续有一些通过优化结构来提高增益、降低噪声的报道[5-7]，EDFA 迅速走向实用化。国内对 EDFA 的研究起步于 20 世纪 90 年代，理论方面大多是在 Giles 模型上提出一些修正或简化[8-11]，实验方面则侧重于 EDFA 低噪声设计及其在具体光纤传输系统中的应用[12-15]。

近些年来，由于掺铒光纤放大技术的日趋成熟，EDFA 的结构优化设计研究已鲜有报道，EDFA 研究重点转向其用于光纤传输系统时对系统整体性能的改善。以光纤水听器系统为例，文献[16]中报道的 96 基元阵列系统将 EDFA 置于系统中不同的位置，其结构示意图如图 2.1 所示，根据其在阵列中的作用分为功率放大器、在线放大器和前置放大器，其中功率放大器置于光源后端、传输光纤前端，用于提高系统的整体光信噪比(Optical Signal-to-Noise Ratio，OSNR)；在线放大器置于光纤水听器阵列输出端，采用远程泵浦方式，以补偿光下行传输损耗以及阵列损耗，保证系统 OSNR 在经历光纤上行传输后不至于过低，考虑 EDFA 泵浦光的传输损耗，选取 1480nm 泵浦光；前置放大器置于传输光纤末端、探测器前端，作用是将经历了上行光纤传输损耗的信号光再次放大，以达到有效探测所需的 OSNR。该系统实测相位噪声为 -70dB re 1rad/Hz$^{1/2}$，低于海洋背景噪声 10dB。

文献[17]于 2011 年报道了 500km 远程传输光纤水听器系统，采用级联放大方式，在不产生非线性效应的前提下补偿远距离光纤传输产生的巨大损耗，其光放大结构示意图如图 2.2 所示。该系统设计的传输光纤总长达 1010km，每隔 125km 采用 EDFA 进行中继放大，共计十级，125km 模拟测试结果表明该结构的相位噪声低于 -80dB re 1rad/Hz$^{1/2}$。

2013 年，Southampton 大学的 Y. Liao 等人提出了一个大规模时分复用与密集波分复用(Dense Wavelength Division Multiplexing，DWDM)混合的光纤水听器阵列结构，结构示意图如图 2.3 所示[18]。该结构通过在每个光合波器(Optical Add

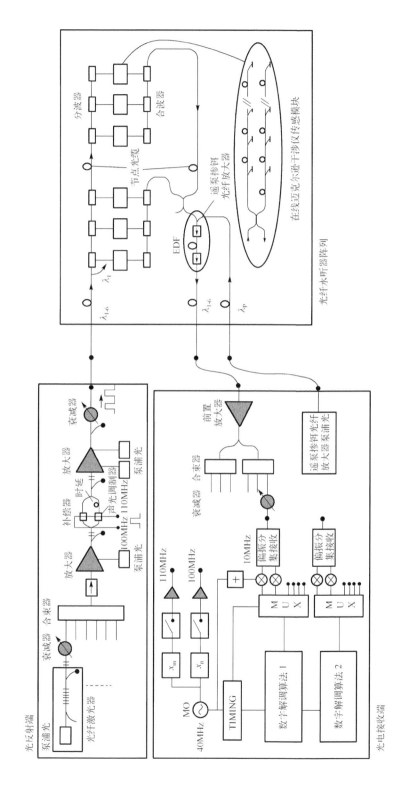

图 2.1 EDFA 用于远程大规模光纤水听器阵列系统示意图[16]

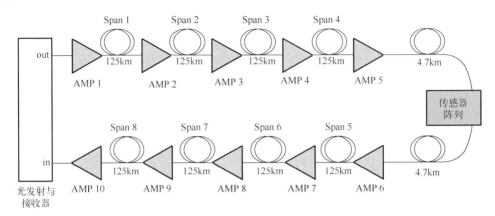

图 2.2　EDFA 用于超远程传输光纤水听器系统示意图[17]

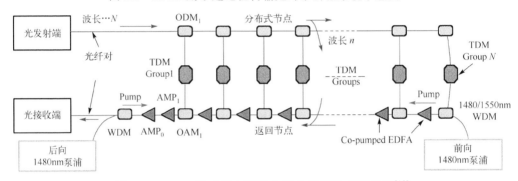

图 2.3　EDFA 用于超大规模光纤水听器阵列示意图[18]

Multiplexer，OAM)前加入 0.4～1m 的掺铒光纤(Erbium-doped Fiber，EDF)，并在阵列主干路的前端和末端采用 1480nm 泵浦源进行远程泵浦，形成准分布式的 EDFA 放大，以补偿大规模阵列复用结构带来的巨大光损耗。实测的 64TDM×16DWDM 复用阵列的相位噪声为−88dB re 1rad/Hz$^{1/2}$，受限于光源相位噪声，并理论上分析了该结构可扩展为 256TDM×16DWDM 的复用阵列，对应的本底相位噪声为−77dB re 1rad/Hz$^{1/2}$。

2.1.2　结构与原理

EDFA 主要由掺铒光纤、泵浦源、波分复用器和光隔离器组成，根据信号光与泵浦光的相对传输方向可以分为前向泵浦、后向泵浦和双向泵浦三种方式(图 2.4)。

掺铒光纤是 EDFA 的核心。当一定的泵浦光注入掺铒光纤时，铒离子从基态跃迁到泵浦态，并快速弛豫至亚稳态，在亚稳态和基态之间形成粒子数反转。放大器增益与铒离子浓度、掺铒光纤长度和泵浦光功率有关。

第 2 章 远程光纤水听器系统光放大技术

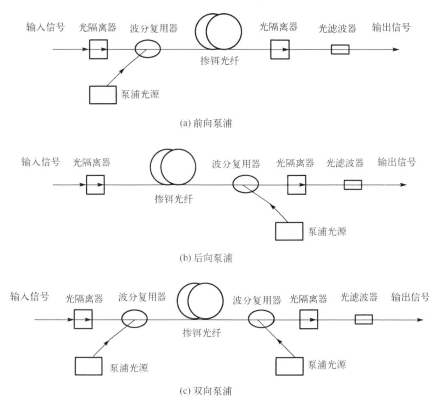

(a) 前向泵浦

(b) 后向泵浦

(c) 双向泵浦

图 2.4 EDFA 三种泵浦方式的典型结构示意图

泵浦源是 EDFA 的另一核心。泵浦源决定了 EDFA 的性能，故要求泵浦源具有高稳定可靠性、长寿命等特性，通常采用半导体激光器。根据铒离子能级可以得出，常用的泵浦波长有 980nm 和 1480nm 两种。其中，980nm 泵浦源噪声低、泵浦效率高、增益平坦性好，故在光纤通信和传感系统中常用该波长泵浦源；而 1480nm 泵浦源常用于远距离泵浦，因为该波长在光纤中的传输损耗低。三种泵浦方式中，前向泵浦噪声小，后向泵浦输出信号功率高，双向泵浦输出信号功率比单向泵浦高，且放大特性与信号传输方向无关。

波分复用器用于将信号光和泵浦光合束进入掺铒光纤，它对信号光和泵浦光的损耗都很小，而且与偏振无关。光隔离器使光单向传输，抑制反射光的影响，保证系统工作稳定。

常用的 EDFA 理论模型为 Giles 模型，经简化可表示为如下所示的耦合方程组[3]：

$$\frac{\mathrm{d}p_k^s}{\mathrm{d}z} = \mu\left[(g_k + a_k)\frac{\overline{N}_2}{\overline{N}} - (a_k + \alpha_k)\right]p_k^s + 2\mu h\nu_k\Delta\nu_k g_k\frac{\overline{N}_2}{\overline{N}}$$

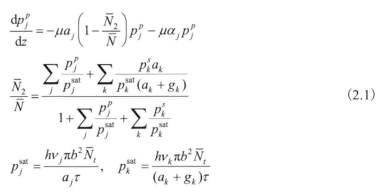

$$\frac{\mathrm{d}p_j^p}{\mathrm{d}z} = -\mu a_j \left(1 - \frac{\overline{N}_2}{\overline{N}}\right) p_j^p - \mu \alpha_j p_j^p$$

$$\frac{\overline{N}_2}{\overline{N}} = \frac{\sum\limits_j \dfrac{p_j^p}{p_j^{\mathrm{sat}}} + \sum\limits_k \dfrac{p_k^s a_k}{p_k^{\mathrm{sat}}(a_k + g_k)}}{1 + \sum\limits_j \dfrac{p_j^p}{p_j^{\mathrm{sat}}} + \sum\limits_k \dfrac{p_k^s}{p_k^{\mathrm{sat}}}}$$

$$p_j^{\mathrm{sat}} = \frac{h\nu_j \pi b^2 \overline{N}_t}{a_j \tau}, \quad p_k^{\mathrm{sat}} = \frac{h\nu_k \pi b^2 \overline{N}_t}{(a_k + g_k)\tau}$$

(2.1)

式中，上标 p 和 s 分别表示泵浦光和信号光(包含 ASE 光)，下标 k 和 j 表示特定频率的光；$\overline{N}_t$ 为 Er^{3+} 离子掺杂浓度，b 为掺杂半径，取 1.73μm；τ 为 Er^{3+} 离子亚稳态能级寿命，取 10ms；a 为掺铒光纤吸收系数，g 为掺铒光纤发射系数，均由查表获得；α 为光纤的损耗系数；$\mu = \pm 1$，当 μ 取 1 时，代表光传播方向为规定方向的正向，当 μ 取 -1 时，代表光传播方向为规定方向的反向。

考虑到 EDFA 中的掺铒光纤长度一般较短，故上述仿真对于运算效率的要求并不高，对 EDFA 模型的仿真算法通常采用"单步法+松弛迭代法"。

2.1.3 增益与噪声

掺铒光纤的增益与波长有关，如图 2.5 所示，其增益波长范围受铒离子辐射能带的宽度限制，在这个特定的波长范围外没有增益。即便是在这个增益波长范围内，增益也变化显著。在 1530～1560nm 范围内，增益波动两次，在 1535nm 附近的信号光增益最大。

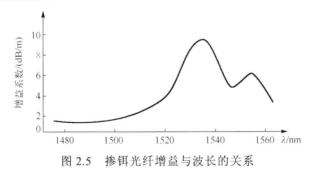

图 2.5　掺铒光纤增益与波长的关系

在实际应用中，输入信号光一般不是单一波长，特别是在波分复用系统中，各波长信号光共用一个 EDFA，并且长距离传输时需要多个 EDFA，这些都将导致不同波长的功率差异较大，明显降低系统性能。因此，EDFA 增益必须平坦化，可以采取在掺铒光纤中掺杂其他成分或采用滤波技术使其增益平坦。

第2章 远程光纤水听器系统光放大技术

EDFA 中泵浦增益是沿着掺铒光纤长度提供的，泵浦光在输入处最强，沿着掺铒光纤传输时变弱，而信号光进入光纤时较弱，沿着掺铒光纤传输时逐渐被放大，即当泵浦光与信号光同时在掺铒光纤中传输时，泵浦光能量转化到信号光上，如图 2.6 所示。EDFA 中的掺铒光纤存在最佳长度，它与泵浦功率、掺杂浓度、增益带宽等因素有关。

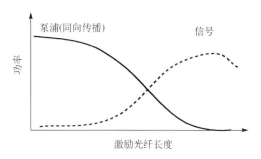

图 2.6　泵浦光和信号光功率与掺铒光纤长度的关系

EDFA 的噪声主要是放大的自发辐射噪声(ASE)。该噪声产生过程是：一部分载流子从铒离子的亚稳态自发落到基态，同时自发辐射光子，这些光子虽然与信号光频相同，但是相位与方向是随机的，一些与信号光同方向的自发辐射光子被增益介质放大，这些源于自发辐射并经放大后的光子形成 ASE 噪声。ASE 噪声沿 EDFA 带宽均匀分布，可以使用滤波器滤除，但是位于信号带宽内的 ASE 噪声却无法由滤波器滤除，其与信号产生拍频从而构成 EDFA 的主要噪声源。

EDFA 的增益和噪声与各项参数有关，如图 2.7 所示[19]。图(a)给出增益和噪声与掺铒光纤长度的关系。对于反向泵浦光路，增益和噪声都基本呈增大趋势，而对于同向泵浦光路，噪声是常数。图(b)表示增益和噪声与输入信号功率有关。随着输入功率增大，增益饱和效应使得增益减小且噪声增加。图(c)则表示通过采取增益均衡措施，EDFA 的增益基本可以做到与波长无关，噪声随波长变化也较小。

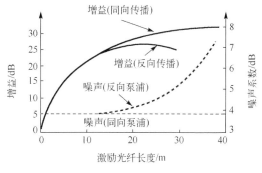

(a) 增益和噪声作为光纤长度的函数

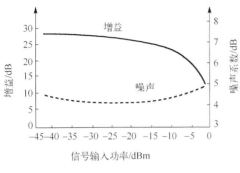
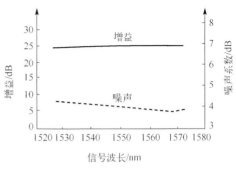

(b) 增益和噪声作为信号输入功率的函数 (c) 增益和噪声作为信号波长的函数

图 2.7 增益和噪声与各项参数的关系

2.2 光纤拉曼放大技术

光纤拉曼放大器(FRA)利用光纤中的受激拉曼散射(Stimulated Raman Scattering, SRS)对信号光进行放大。由于拉曼增益谱随拉曼泵浦源中心频率移动,且增益正比于泵浦功率,故其是目前能在 1260~1675nm 范围内进行有效放大的光放大器。此外,FRA 还具有噪声较低、增益稳定性好、增益可配置等优点,但其缺点也较突出,如对泵浦功率要求高(百毫瓦量级以上)、信道串扰大、放大距离过长等。EDFA 通常工作在 C 波段(1530~1565nm),通过设计也可以工作在 L 波段(1565~1625nm),而对于光纤拉曼放大器,理论上只要改变泵浦光波长,就可以对任意波段进行光放大。FRA 的宽带放大特性引起了人们的研究兴趣,并已研制出成熟产品应用于 EDFA 不能放大的特殊波段。

2.2.1 发展历程

1928 年,Raman 发现了拉曼散射现象[20],不久后人们便提出了利用拉曼散射效应实现光放大。1972 年,Stolen 等人发现了光纤中的 SRS 现象,并且测量了光纤的拉曼增益系数[21,22]。自此以后,人们对基于 SRS 原理的光纤放大器技术进行了大量研究。由于 FRA 理论上可以对任意波长的光进行放大,并且具有高达 40THz 的增益带宽,在 20 世纪 80 年代曾经受到了广泛重视。然而,由于拉曼增益比较低,需要采用强泵浦光(几百毫瓦甚至瓦量级)才能实现所需求的增益,而在当时的技术条件下没有能够满足要求的泵浦源可供使用。不管是光纤通信系统还是光纤传感系统,信号光都在 1550nm 附近的 C 波段,与之对应的泵浦波长在 1400~1500nm 之间,然而当时还不能做出此波段的高功率激光器,再加上 EDFA 的广泛应用,FRA 研究始终没有大的进展。直至进入 20 世纪 90 年代末,传统的

第2章 远程光纤水听器系统光放大技术

C 波段通信已不能满足需求，与之对应的 EDFA 也不能满足要求，而此时高功率光纤激光器和半导体激光器的出现，解决了拉曼泵浦源的问题，再加上 FRA 具有可放大任意波长信号光、低噪声等 EDFA 无法比拟的优势，再度成为研究热点。

对 FRA 的研究工作主要集中在包含噪声的拉曼放大耦合方程组模型的建立与数值求解[23-28]、光纤拉曼增益系数的测量[29-37]、宽带平坦增益 FRA 的优化设计[38-43]、ASE 噪声和双重瑞利噪声的测量以及抑制[44]等方面。

1999 年，Kidorf 等人[23]最先给出了考虑主要物理效应的信号光、泵浦光以及噪声耦合模型。该模型中考虑了受温度影响的自发拉曼散射，包括多重反射的瑞利散射和受激拉曼散射，但是忽略了反斯托克斯光、偏振效应、时间相关性以及其他的非线性效应。模型中包含了两个方向的信号光与信号光、信号光与泵浦光、泵浦光与泵浦光、自发辐射噪声与自发辐射噪声、自发辐射噪声与信号光、自发辐射噪声与泵浦光之间的拉曼放大作用。基于该模型，设计出了100nm 带宽的拉曼放大器，峰值增益波动为 1.1dB。2000 年，Min 等人[24]在该模型的基础上，在耦合方程组中加入了偏振因子，并第一次提出用平均功率分析法对该模型进行数值求解，在同样精度下，相比传统的直接迭代法计算时间可缩短两个数量级。2003 年，Liu 等人[26-28]用四阶龙格库塔法结合打靶法对不含噪声的模型进行了仿真计算，提出了一种适合光放大过程计算的改进龙格库塔算法，进一步提出了基于 Adams-Bashforth 公式和 Adams-Moulton 公式的预测校正算法，对一般模型进行了数值计算，采用迭代的方法解决多点边值问题，并且证明了该算法是快速且稳定的。

1999 年，Lewis[43]用三波长级联光纤拉曼激光器作为泵浦光源，小信号峰值增益可达 41.5dB，增益带宽为 114nm，但是增益平坦度不好，增益带宽边缘处的增益已下降至 20dB。2001 年，Fludger 等人[45]提出了分布式拉曼放大器中多径干涉噪声的电学测量方法，而且还给出了 FRA 中多径干涉噪声的理论模型，具体结果如图 2.8 所示，可以看出解析解、数值解以及实验测量结果都十分吻合。该理论模型为进一步研究多径干涉噪声特性打下了基础。

国内也对 FRA 进行了广泛深入的研究，尤其在如何实现宽带平坦增益、良好噪声性能等问题上做了大量仿真研究，并且也进行了相应的实验验证。

2002 年，上海交通大学的姜文宁等人[46]通过数值仿真方法发现在距离信号输入端 10~15km 处放置隔离器能够最好地抑制双重瑞利散射噪声，并且此位置与输入信号和泵浦功率的大小基本无关。2003 年，华中科技大学的梅进杰等人[47]从光放大器噪声因数的定义出发，推导了信号背向瑞利散射导致的多路干涉对 FRA 噪声因数的影响的解析表达式，也给出了考虑多路干涉后 FRA 噪声因数的光学测量方法。2003 年，太原理工大学的孔庆花[48]对拉曼放大模型进行了一系列简化，得到了噪声的解析表达式，并对 FRA 的自发辐射噪声特性进行了分析，理论上得到了输出噪声与增益之间的准线性关系。

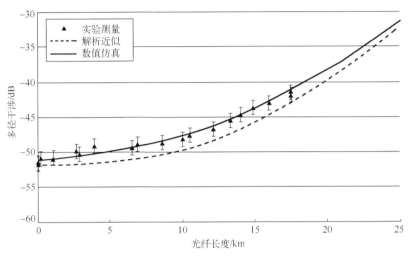

图 2.8　分布式拉曼放大器的多径干涉噪声

2009 年，国防科技大学的王科研等人研究了大规模光纤水听器阵列中的光放大技术，采用的拉曼泵浦光源中心波长为 1450nm、最大输出功率为 270mW，泵浦方式采用反向泵浦，实现了 7.5dB 的小信号增益，另外还对 FRA 作为在线放大器时引入的噪声与 EDFA 进行了比较,得到了分布式 FRA 的相位噪声性能优于 EDFA 的结论[49]。2013 年，国防科技大学的曹春燕基于 100km 无中继往返传输的光纤水听器系统，设计了低噪声拉曼/掺铒光纤混合光放大器，对极弱光高增益放大时产生的强背景噪声进行了抑制。实验结果表明，相比于单独采用 EDFA，拉曼/掺铒光纤混合放大器的相位噪声降低了～8dB，系统总噪声降至−104.2dB[50]。

此外，FRA 的增益平坦设计也是一项重要的研究内容，其主要有两种方案。早期方案是在系统中采用增益均衡器以获得较平坦的宽带增益谱[38-41]，这不仅提高了成本也引入了额外损耗，造成了泵浦源的功率浪费。另外一种方案是采用遗传算法（Genetic Algorithm，GA）或者模拟退火算法（Simulated Annealing Algorithm）等非线性优化算法，根据实际要求合理选择拉曼泵浦源的数量、波长以及泵浦功率，以实现具有宽带平坦增益谱的 FRA。

2.2.2　光纤中的 SRS

在任何分子介质中,自发拉曼散射将入射光场的一小部分能量转移到散射光中。通常来说，散射光包含频率下移的斯托克斯光和频率上移的反斯托克斯光，

第2章 远程光纤水听器系统光放大技术

频移量由介质的振动模式决定，斯托克斯光强度一般比反斯托克斯光强度高几个数量级[51]。从量子力学角度出发，自发拉曼散射可以通过能级跃迁理论来描述。如图2.9所示，自发拉曼散射的过程是分子通过虚态完成基态和振动态之间能级跃迁的过程。斯托克斯过程是处于基态的分子在吸收一个频率为ν_0的入射光子后跃迁到虚态，然后产生一个从虚态到振动态的跃迁，与此同时发射一个频率为$\nu_s(\nu_s < \nu_0)$的斯托克斯光子。反斯托克斯过程是处于振动态的分子在吸收一个频率为ν_0的入射光子后跃迁到虚态，随后产生一个从虚态到基态的跃迁，同时发射一个频率为$\nu_a(\nu_a > \nu_0)$的反斯托克斯光子。斯托克斯光强度比反斯托克斯光强度高很多的原因是在热平衡状态下，处于基态的分子数远大于处于振动态的分子数。1962年实验观察到当用强泵浦光入射到介质中时，介质中的斯托克斯光迅速增长以至于大部分泵浦能量转移到斯托克斯光中，这种现象便是受激拉曼散射[52]。

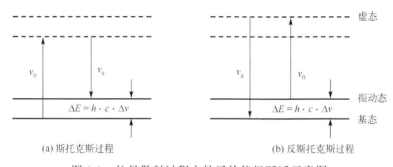

图 2.9　拉曼散射过程中粒子的能级跃迁示意图

在连续或准连续条件下，不考虑光纤损耗时斯托克斯光的初始增长可以描述为[51]

$$\frac{dI_s}{dz} = g_R I_p I_s \tag{2.2}$$

式中，I_p表示泵浦光强，I_s表示斯托克斯光强，g_R表示拉曼增益系数。拉曼增益系数$g_R(\Omega)$是描述SRS过程的重要参数，其中$\Omega \equiv \omega_p - \omega_s$是泵浦光和斯托克斯光的频率差。对于石英光纤来说，$g_R$通常取决于光纤纤芯的成分，不同的纤芯掺杂会带来$g_R$很大的变化，同时还与泵浦光、斯托克斯光的偏振态有关。图 2.10 给出了熔石英的归一化拉曼增益与频率差的变化关系。当泵浦光波长$\lambda_p = 1\mu m$时，对应的拉曼增益系数$g_R \approx 1 \times 10^{-13} m/W$。由图2.10可知，与大多数分子在特定频率上产生拉曼增益不同，石英光纤的拉曼增益在一个很宽的频率范围内(达40THz)连续产生，并且在频率差为13THz附近有一个较宽的峰值。这一现象是由石英玻璃的非晶体特性导致的。在像熔石英这类非晶体材料中，分子的振动频率扩展成振动频率带并且相互重叠，从而产生连续且较宽的增益谱。正是由于光纤中的拉曼散射具有这一特性，光纤可以作为宽带拉曼放大器的增益介质。

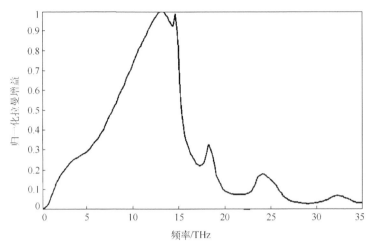

图 2.10　泵浦光与斯托克斯光同偏振时熔石英的归一化拉曼增益

如果将光纤的损耗考虑在内，光纤中的前向 SRS 过程可由以下耦合方程组描述：

$$\frac{dI_s}{dz} = g_R I_p I_s - \alpha_s I_s$$
$$\frac{dI_p}{dz} = -\frac{\omega_p}{\omega_s} g_R I_p I_s - \alpha_p I_p$$

$$(2.3)$$

式中，α_s 和 α_p 分别表示斯托克斯光和泵浦光的光纤损耗系数。

SRS 阈值是当光纤输出端的斯托克斯光与泵浦光功率相等时对应的入射泵浦光功率，SRS 阈值功率 P_0^{cr} 有以下近似公式：

$$\frac{g_R P_0^{cr} L_{eff}}{A_{eff}} \approx 16$$

$$(2.4)$$

式中，A_{eff} 是光纤的有效模场面积，L_{eff} 是有效光纤长度，与光纤长度 L 的关系为：

$$L_{eff} = \frac{1 - \exp(-\alpha_p L)}{\alpha_p}$$

$$(2.5)$$

如果取有效光纤长度 L_{eff} 为 20km，有效模场面积 A_{eff} 为 $50\mu m^2$，当泵浦波长为 1.55μm 时，由式(2.4)可以估算出此时的 SRS 阈值为 600mW。

对于后向 SRS 情况，阈值由下式近似给出：

$$\frac{g_R P_0^{cr} L_{eff}}{A_{eff}} \approx 20$$

$$(2.6)$$

第2章 远程光纤水听器系统光放大技术

比较式(2.4)和式(2.6)可知，对于给定的泵浦功率，将首先达到前向 SRS 阈值，一旦发生了前向 SRS，泵浦光的大部分能量转移到斯托克斯光中。

如果两个不同频率的光波同时在光纤中传输，并且二者的频率差位于拉曼增益谱的带宽之内，频率小的光波会作为信号光被频率大的泵浦光所放大。由于这类光放大的物理机制为光纤 SRS，故称之为光纤拉曼放大器(FRA)。泵浦光和信号光可以是同向传输(前向拉曼泵浦)，也可以是反向传输(后向拉曼泵浦)。理论上讲，FRA 可以通过合理选择泵浦光的数量、波长以及对应的泵浦功率来实现任意带宽内的平坦放大。

2.2.3 FRA 理论模型和数值仿真

稳态条件下，考虑噪声的多波长光纤拉曼放大过程可由下述非线性耦合方程组描述[26]：

$$
\begin{aligned}
\pm \frac{\mathrm{d}P_i^{\pm}}{\mathrm{d}z} = &-\alpha_i P_i^{\pm} + \gamma_i P_i^{\mp} \\
&+ P_i^{\pm} \sum_{j}^{\nu_j > \nu_i} \frac{g_{\mathrm{R}}(\nu_j, \nu_i)}{K_{\mathrm{eff}} A_{\mathrm{eff}}} (P_j^+ + P_j^-) \\
&+ h\nu_i \sum_{j}^{\nu_j > \nu_i} \frac{g_{\mathrm{R}}(\nu_j, \nu_i)}{A_{\mathrm{eff}}} (P_j^+ + P_j^-) \left\{ 1 + \frac{1}{\exp\left[\dfrac{h(\nu_j - \nu_i)}{kT}\right] - 1} \right\} \mathrm{d}\nu_i \\
&- P_i^{\pm} \sum_{j}^{\nu_j < \nu_i} \frac{\nu_i}{\nu_j} \frac{g_{\mathrm{R}}(\nu_i, \nu_j)}{K_{\mathrm{eff}} A_{\mathrm{eff}}} (P_j^+ + P_j^-) \\
&- P_i^{\pm} \sum_{j}^{\nu_j < \nu_i} \frac{\nu_i}{\nu_j} \frac{g_{\mathrm{R}}(\nu_i, \nu_j)}{A_{\mathrm{eff}}} 2h\nu_j \left\{ 1 + \frac{1}{\exp\left[\dfrac{h(\nu_i - \nu_j)}{kT}\right] - 1} \right\} \mathrm{d}\nu_j
\end{aligned} \tag{2.7}
$$

式中，$P_i^{\pm}$ 表示频率为 ν_i 的泵浦光、信号光，或者在频率 ν_i 附近很小带宽内的噪声功率，$\pm$ 表示光的传输方向。α_i、γ_i 分别表示频率为 ν_i 的光波的光纤损耗系数和后向瑞利散射系数。$g_{\mathrm{R}}(\nu_j, \nu_i)$ 表示频率为 ν_j 的光波对频率为 ν_i 的光波的拉曼增益系数，如果实验标定的是频率为 ν_0 的泵浦光的增益谱线，那么 $g_{\nu_j}(\Delta\nu) = g_{\nu_0}(\Delta\nu)$ ν_j / ν_0。K_{eff} 是偏振系数，相互作用的两束光偏振态相同、正交、完全无关时的取值分别为 1、∞、2。A_{eff} 表示光纤有效模场面积。h、k、T 分别表示普朗克常量、波尔兹曼常量、光纤的绝对温度。式中等号右边第一项表示光纤损耗，第二项表示同频率的反向传输光瑞利散射带来的噪声(双重瑞利噪声)，第三项表示高频光对 $P_i^{\pm}$ 的拉曼增益项，第四项表示在 dz 小段高频光产生的放大的自发辐射

（Amplified Spontaneous Emission，ASE）噪声在频率 ν_i 附近 $\mathrm{d}\nu_i$ 带宽内的功率，第五项表示低频光对 $P_i^\pm$ 的拉曼消耗，第六项表示在 $\mathrm{d}z$ 小段低频光的自发辐射对 $P_i^\pm$ 的消耗。

该理论模型是 Kidorf 等人于 1999 年首次提出的[23]，模型考虑了光纤损耗、瑞利散射、自发拉曼散射以及信号光、泵浦光和噪声之间的相互作用，但是忽略了反斯托克斯光、除 SRS 之外的非线性效应及随时间的变化，该理论模型的频谱示意图如图 2.11 所示。由图 2.11 和耦合方程组 (2.7) 可知，该理论模型将信号光、泵浦光以及各种噪声赋予相同的数学意义，数值仿真的耦合方程数由信号通道的个数、泵浦通道的个数以及噪声通道的个数决定，其中噪声通道的个数由总的噪声波长范围和频率带宽 $\Delta\nu$ 决定。

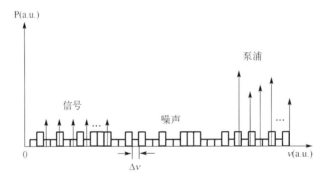

图 2.11　多波长 FRA 理论模型频谱示意图

耦合方程组 (2.7) 较全面地描述了光纤传输特性，由此微分方程组可以求出信号光、泵浦光以及 ASE 和双重瑞利散射噪声（Double Rayleigh Scattering，DRS）沿光纤的功率分布。在此基础上，可进一步仿真出 FRA 的增益特性和噪声系数等主要性能参数。

如果忽略拉曼放大过程中的 DRS 和 ASE，耦合方程组可以简化为：

$$\pm\frac{\mathrm{d}P_i^\pm}{\mathrm{d}z}=-\alpha_i P_i^\pm+P_i^\pm\sum_j^{\nu_j>\nu_i}\frac{g_R(\nu_j,\nu_i)}{K_{\mathrm{eff}}A_{\mathrm{eff}}}(P_j^++P_j^-)-P_i^\pm\sum_j^{\nu_j<\nu_i}\frac{\nu_i}{\nu_j}\frac{g_R(\nu_i,\nu_j)}{K_{\mathrm{eff}}A_{\mathrm{eff}}}(P_j^++P_j^-) \quad (2.8)$$

上述两个耦合方程均为微分方程，一般情况下无法求出解析解。数值求解微分方程一般采用差分方法，这是一种通用性强、应用广泛的简单方法。对于一个如式 (2.9) 所示的简单常微分方程初值问题，在求解区间上作等距剖分（也可以是变步长），步长 $h=(b-a)/m$，记 $x_n=x_{n-1}+h$，$n=1,2,\cdots,m$。差分算法的基本思想是采用数值微商的方法，即用差分近似导数完成对微分方程的求解[53,54]。根据在数值计算 y_{n+1} 过程中是否仅用到前一步 y_n 的值，差分法可以分为单步法和多步法。

第2章　远程光纤水听器系统光放大技术

$$\begin{cases} y'(x) = f(x, y) \\ y(a) = y_0 \end{cases} \qquad (a \leqslant x \leqslant b) \tag{2.9}$$

首先考虑单步法。常见的单步法有欧拉(Euler)法和龙格库塔(Runge-Kutta)法。将 $y(x+h)$ 在 x 点进行泰勒展开：

$$y(x + h) = y(x) + hy'(x) + \frac{h^2}{2!} y''(x) + \ldots + \frac{h^p}{p!} y^{(p)}(x) + T \tag{2.10}$$

式中，$T = O(h^{p+1})$ 表示 h^{p+1} 的高阶无穷小。取 $x = x_n$，式(2.10)变为：

$$y(x_{n+1}) = y(x_n) + hy'(x_n) + \frac{h^2}{2!} y''(x_n) + \ldots + \frac{h^p}{p!} y^{(p)}(x_n) + T_{n+1} \tag{2.11}$$

当 $p = 1$ 的时候，截断 T_{n+1} 可以得到 $y(x_{n+1})$ 近似值 y_{n+1} 的计算公式：

$$y_{n+1} = y_n + hf(x_n, y_n) \tag{2.12}$$

式(2.12)便是欧拉公式，欧拉法便是基于这一公式。由式(2.10)可知 p 的取值越大，数值计算的误差越小，精度也就越高。下面以 $p = 2$ 来引入龙格库塔法，此时式(2.11)可以写成：

$$y(x_{n+1}) = y(x_n) + h\{f(x_n, y(x_n)) \\ + \frac{h}{2!}[f_x(x_n, y(x_n)) + f_y(x_n, y(x_n))f(x_n, y(x_n))]\} + T_{n+1} \tag{2.13}$$

由于式(2.13)需要计算 f，f_x，f_y 在 (x_n, y_n) 点的值，因此直接计算的方法是不可取的。龙格库塔法的思想是用 $f(x, y)$ 在点 $(x_n, y(x_n))$ 和 $(x_n+ah, y(x_n)+bhf(x_n, y(x_n)))$ 处的值的线性组合来逼近式(2.13)大括号中的主体部分，即得到数值公式：

$$y_{n+1} = y_n + h[c_1 f(x_n, y_n) + c_2 f(x_n + ah, y_n + bhf(x_n, y_n))] \tag{2.14}$$

式(2.14)可以更一般地改写成：

$$\begin{cases} y_{n+1} = y_n + h(c_1 k_1 + c_2 k_2) \\ k_1 = f(x_n, y_n) \\ k_2 = f(x_n + ah, y_n + bhk_1) \end{cases} \tag{2.15}$$

式(2.15)便是二阶龙格库塔公式的一般表达形式，合理选择 c_1，c_2，a，b 的值以得到很好的逼近效果。在一般的数值计算时，最常用的是如式(2.16)所示的四阶龙格库塔公式[53]：

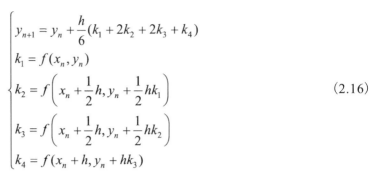

$$\begin{cases} y_{n+1} = y_n + \dfrac{h}{6}(k_1 + 2k_2 + 2k_3 + k_4) \\ k_1 = f(x_n, y_n) \\ k_2 = f\left(x_n + \dfrac{1}{2}h, y_n + \dfrac{1}{2}hk_1\right) \\ k_3 = f\left(x_n + \dfrac{1}{2}h, y_n + \dfrac{1}{2}hk_2\right) \\ k_4 = f(x_n + h, y_n + hk_3) \end{cases} \tag{2.16}$$

单步长数值算法可通过自适应调整步长来加快数值计算速度。对于 $y(x)$ 变化平缓的区间，步长可以取大一些；而对于 $y(x)$ 变化比较激烈的区间，步长可以取得小一点。

再考虑多步法。式 (2.9) 两边在区间 $[x_{n-p}, x_{n+1}]$ 进行积分可得：

$$y(x_{n+1}) = y(x_{n-p}) + \int_{x_{n-p}}^{x_{n+1}} f(x, y)\mathrm{d}x \tag{2.17}$$

线性多步法的思想是构建积分节点构造差值多项式来近似式 (2.16) 中的积分项 $f(x, y)$。若以积分节点 $x_n, x_{n-1}, \cdots, x_{n-q}$ 来构造差值多项式的话，此时积分节点中不包含 x_{n+1}，称之为显式公式。如果积分节点中包含 x_{n+1}，即积分节点为 $x_{n+1}, x_n, \cdots, x_{n+1-q}$，称之为隐式公式。两个控制量 p 和 q 分别控制积分区间和差值节点(即计算步数)。特别地取 $p = 0$，此时得到的为 q 阶亚当斯 (Adams) 公式。四阶显式亚当斯公式为[53]:

$$\begin{aligned} y_{n+1} = y_n &+ \frac{h}{24}[55f(x_n, y_n) - 59f(x_{n-1}, y_{n-1}) \\ &+ 37f(x_{n-2}, y_{n-2}) - 9f(x_{n-3}, y_{n-3})] \end{aligned} \tag{2.18}$$

$$T_{n+1} = \frac{251}{720}h^5 y^{(5)}(\xi)$$

四阶隐式亚当斯公式为[53]:

$$\begin{aligned} y_{n+1} = y_n &+ \frac{h}{24}[9f(x_{n+1}, y_{n+1}) + 19f(x_n, y_n) \\ &- 5f(x_{n-1}, y_{n-1}) + f(x_{n-2}, y_{n-2})] \end{aligned} \tag{2.19}$$

$$T_{n+1} = -\frac{19}{720}h^5 y^{(5)}(\xi)$$

从算法结构上看，显式公式比隐式公式简单，从方法稳定性和精度上看，大

第2章 远程光纤水听器系统光放大技术

多数情况下隐式公式要优于显式公式。但是隐式公式需要迭代法来计算 y_{n+1}，为了保证一定精度的同时避免迭代过程带来的计算量，一般可以先采用显式公式计算初始值，再用隐式公式进行一次修正，这就是预估-校正的方法。以四阶亚当斯公式为例，预估-校正公式如下所示：

$$\begin{cases} \bar{y}_{n+1} = y_n + \dfrac{h}{24}[55f(x_n, y_n) - 59f(x_{n-1}, y_{n-1}) \\ \qquad\qquad + 37f(x_{n-2}, y_{n-2}) - 9f(x_{n-3}, y_{n-3})] \\ y_{n+1} = y_n + \dfrac{h}{24}[9f(x_{n+1}, \bar{y}_{n+1}) + 19f(x_n, y_n) \\ \qquad\qquad - 5f(x_{n-1}, y_{n-1}) + f(x_{n-2}, y_{n-2})] \end{cases} \tag{2.20}$$

以式(2.7)为例，为了便于数值计算，将此耦合微分方程组调整为如下形式：

$$\begin{cases} \dfrac{\mathrm{d}P_i^{\pm}}{\mathrm{d}z} = P_i^{\pm} F_i \\[2mm] F_i = \mp\alpha_i \pm \gamma_i \dfrac{P_i^{\mp}}{P_i^{\pm}} \pm \displaystyle\sum_j^{\nu_j > \nu_i} \dfrac{g_{\mathrm{R}}(\nu_j, \nu_i)}{K_{\mathrm{eff}} A_{\mathrm{eff}}} (P_j^+ + P_j^-) \\[2mm] \qquad \pm \dfrac{h\nu_i}{P_i^{\pm}} \displaystyle\sum_j^{\nu_j > \nu_i} \dfrac{g_{\mathrm{R}}(\nu_j, \nu_i)}{A_{\mathrm{eff}}} (P_j^+ + P_j^-) \left\{ 1 + \dfrac{1}{\exp\left[\dfrac{h(\nu_j - \nu_i)}{kT}\right] - 1} \right\} \mathrm{d}\nu_i \\[2mm] \qquad \mp \displaystyle\sum_j^{\nu_j < \nu_i} \dfrac{\nu_i}{\nu_j} \dfrac{g_{\mathrm{R}}(\nu_i, \nu_j)}{K_{\mathrm{eff}} A_{\mathrm{eff}}} (P_j^+ + P_j^-) \\[2mm] \qquad \mp \displaystyle\sum_j^{\nu_j < \nu_i} \dfrac{\nu_i}{\nu_j} \dfrac{g_{\mathrm{R}}(\nu_i, \nu_j)}{A_{\mathrm{eff}}} 2h\nu_j \left\{ 1 + \dfrac{1}{\exp\left[\dfrac{h(\nu_i - \nu_j)}{kT}\right] - 1} \right\} \mathrm{d}\nu_j \end{cases} \tag{2.21}$$

由式(2.20)可以得到如下所示的预测-校正公式：

$$\overline{P_i^{\pm}}(z_{j+1}) = P_i^{\pm}(z_j) \exp\left[\dfrac{\Delta z}{24}(55F_i(z_j) - 59F_i(z_{j-1}) + 37F_i(z_{j-2}) - 9F_i(z_{j-3}))\right] \tag{2.22}$$

$$P_i^{\pm}(z_{j+1}) = P_i^{\pm}(z_j) \exp\left[\dfrac{\Delta z}{24}(9\overline{F_i}(z_{j+1}) + 19F_i(z_j) - 5F_i(z_{j-1}) + F_i(z_{j-2}))\right] \tag{2.23}$$

式(2.23)中的 $\overline{F_i}(z_{j+1})$ 是将式(2.22)计算出的 $\overline{P_i^{\pm}}(z_{j+1})$ 的结果代入式(2.21)求解得

出，Δz 是步长。由式(2.22)和式(2.23)可知，在计算 z_{j+1} 点处的光功率时用到了 z_j、z_{j-1}、z_{j-2} 和 z_{j-3} 处的光功率值。对于 z_1、z_2 和 z_3 处的初值，可以采用龙格库塔法来计算，也可以分别采用一阶、二阶和三阶的亚当斯预测-评估公式来计算，如下所示：

$$P_i^{\pm}(z_1) = P_i^{\pm}(z_0)\exp(F_i(z_0)\Delta z) \tag{2.24}$$

$$\overline{P_i^{\pm}(z_2)} = P_i^{\pm}(z_1)\exp\left[\frac{\Delta z}{2}(3F_i(z_1)-F_i(z_0))\right] \tag{2.25}$$

$$P_i^{\pm}(z_2) = P_i^{\pm}(z_1)\exp\left[\frac{\Delta z}{2}(\overline{F_i}(z_2)+F_i(z_1))\right] \tag{2.26}$$

$$\overline{P_i^{\pm}(z_3)} = P_i^{\pm}(z_2)\exp\left[\frac{\Delta z}{12}(23F_i(z_2)-16F_i(z_1)+5F_i(z_0))\right] \tag{2.27}$$

$$P_i^{\pm}(z_3) = P_i^{\pm}(z_2)\exp\left[\frac{\Delta z}{12}(5\overline{F_i}(z_3)+8F_i(z_2)-F_i(z_1))\right] \tag{2.28}$$

多步法和单步法相比，在相同步长情况下每一步的计算量会增大，但是计算精度会显著增加。因此在相同精度要求下，多步法可以采用更大的计算步长。对于数值计算长距离传输的光信号来说，多步法通过增大步长减小的计算时间是远大于每一步计算量增大的计算时间的，因此多步法更适合远距离的光纤拉曼放大系统的仿真计算。

下面将多步法用于光纤拉曼放大仿真。式(2.7)和式(2.8)所示的微分方程组中包含两个方向传输的光波，边界条件在光纤的输入和输出两端，因此这是一个两点边值问题。解决两点边值问题的常见方法是打靶法和迭代法。打靶法的思路是：

(1)假设反向传输光在 $z = 0$ 处的初值；

(2)采用单步法或者多步法计算出反向传输光在 $z = l$ 处的预测值；

(3)将此预测值和实际的边界条件作比较，并通过内插方程对 $z = 0$ 处的假设初值作出修正，然后重复过程 2 和 3 直至 $z = l$ 处的预测值和实际边界条件的误差达到精度要求。

迭代法的思路是：

(1)不考虑后向传输光的作用，计算正向传输光沿光纤的功率分布；

(2)以正向传输光的功率分布为已知条件，计算反向传输光沿光纤的功率分布；

(3)以反向传输光的功率分布为已知条件，重新计算正向传输光的功率分布，然后重复过程(2)和(3)直至相邻两次计算的光功率沿光纤分布的误差达到精度要求。迭代法相比打靶法，不须构造内插方程，实施起来更为方便，因此在下面的数值计算中采用迭代法。综上所述，采用四阶亚当斯预测–评估法结合迭代法来数值计算式(2.7)和式(2.8)。

考虑泵浦光和信号光反向传输(后向拉曼泵浦)情形，泵浦光在 $z = 0$ 处入射，信号光在 $z = L$ 处入射，图 2.12 和图 2.13 分别给出了光纤输出端(对应 $z = L$)和光纤输入端(对应 $z = 0$)的输出光谱。在 $z = L$ 处，光谱成分分别为泵浦光、信号光的瑞利散射光、正向传输的放大自发辐射噪声；$z = 0$ 处，光谱成分分别为信号光，泵浦光的瑞利散射光、反向传输的放大自发辐射噪声。由图 2.13 仿真结果可知，在当前仿真条件下，信号通带内的放大自发辐射噪声水平可达–30dB，信噪比提

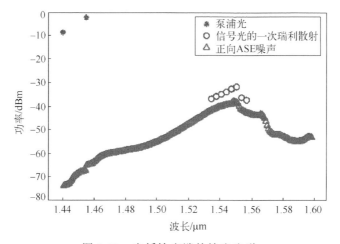

图 2.12　光纤输出端的输出光谱

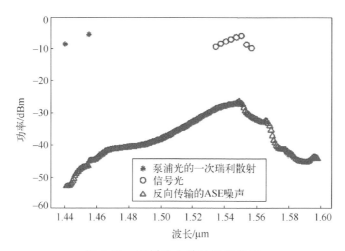

图 2.13　光纤输入端的输出光谱

升至约 20dB，即信号光得到了充分放大。图 2.14 给出了信号光沿整段光纤的功率分布情况。

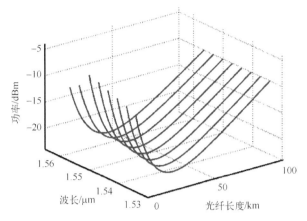

图 2.14　信号光沿光纤的功率分布

　　图 2.15 给出了信号光的开关增益，8 个信号通道的最大开关增益达 23dB，最小开关增益为 18.5dB，这说明在当前的泵浦条件下不能够带来平坦的信号输出，尤其是长波段两个通道的增益显著下降，因此在实际应用中需要通过合理选择泵浦光数量、波长以及泵浦功率尽量做到增益平坦，对应的技术细节将在 5.2 节介绍。

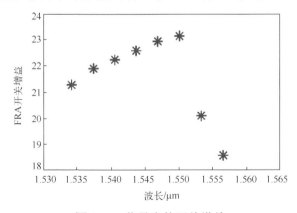

图 2.15　信号光的开关增益

2.3　混合光放大技术

　　由于 FRA 增益(泵浦转化效率)较小，近年来应用较多的是噪声系数较小的 FRA 与增益较大的 EDFA 构成的混合光放大器(Hybrid Optical Amplifier，HOA)。

第2章　远程光纤水听器系统光放大技术

2013 年，Singh 和 Kaler 在 L 波段 DWDM 系统中引入 100km 分布式 FRA 和 EDFA 级联放大结构，并在系统末端加入 17km 的色散补偿光纤 (Dispersion Compensating Fiber，DCF)，利用 900mW 拉曼泵浦实现了 187~191THz 范围内 160 路光信号放大，信号功率为 3mW，最终得到高于 10dB 的增益，增益不平坦度低于 4.5dB，系统结构示意图如图 2.16 所示[55]。

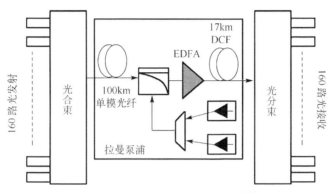

图 2.16　L 波段 DWDM 系统中 HOA 结构示意图

2013 年，Oliverira 等人在高速相干光通信系统中使用混合光放大技术，实现了速率为 4.48Tb/s 的 302km 无中继光传输，其系统结构原理如图 2.17 所示[56]。2014 年，Martins 等人将 EDFA/ FRA 混合光放大技术应用于 ϕ-OTDR 系统，系统结构采用拉曼双向泵浦方式，配合光发射端的 EDFA 实现了 125km 长度、10m 距离分辨率的振动测量，其采用的放大技术如图 2.18 所示[57]。2021 年，Zhu 等人报道使用 EDFA 和 FRA 混合光放大技术实现了超过 1200km 的高速光通信系统，其系统结构如图 2.19 所示[58]。可以看出，通过科学的设计，混合光放大技术能够在数百公里乃至上千公里的光传输距离上实现较为有效的光功率放大。

在远程光纤水听器系统方面，2015 年国防科技大学的曹春燕将 FRA 与 EDFA 结合，用作远程光纤水听器系统的前置放大器，进行了 100km 往返无中继传输实验研究，实验系统如图 2.20 所示，将应用 FRA/EDFA 混合前置放大器的系统相位噪声与应用 EDFA 前置放大器的系统相位噪声进行比较，结果表明，采用混合前置光放大器的系统相位噪声比采用 EDFA 前置放大器的系统相位噪声下降了 2.4dB，对于远程光纤水听器系统的发展具有一定的参考意义。

混合光放大器的理论模型可以通过 FRA 与 EDFA 相结合的方式获得，一般需要结合所应用的系统结构做出综合设计。

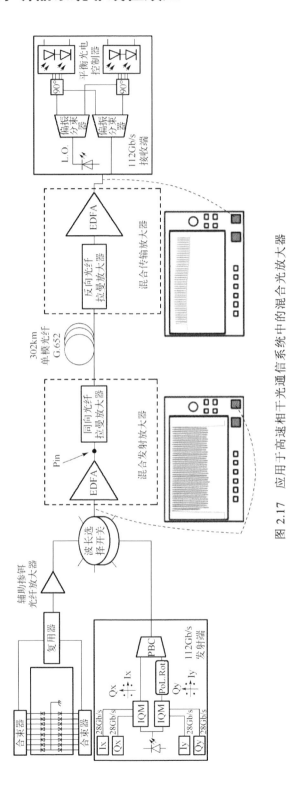

图 2.17 应用于高速相干光通信系统中的混合光放大器

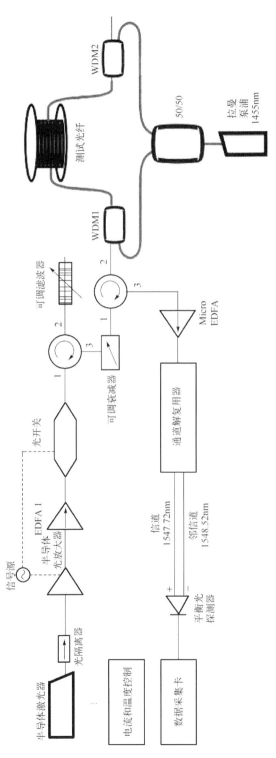

图 2.18　采用混合放大技术的 ϕ-OTDR 系统

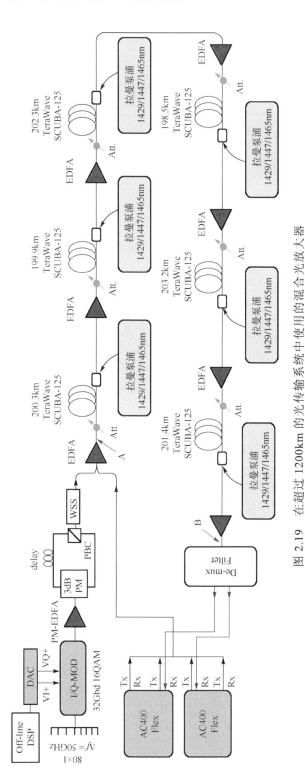

图 2.19　在超过 1200km 的光传输系统中使用的混合光放大器

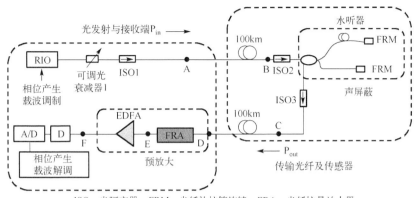

ISO：光隔离器；FRM：光纤法拉第旋镜；FRA：光纤拉曼放大器

图 2.20　采用 FRA 和 EDFA 作为前置放大器的 100km 无中继光纤水听器系统

2.4　光放大技术在远程光纤水听器系统中的应用

2.4.1　阵列中的光放大技术

英国南安普敦大学于 2012 年提出了一种密集时分/波分混合复用光纤水听器阵列结构，如图 2.21 所示[18]。除了远程光纤传输过程中的光放大以外，为了有效增加复用规模，还需要在阵列中加入分布式光放大以补偿高复用度的时分复用和密集波分复用引入的巨大损耗。该系统在阵列的前端和后端分别加入 400mW、1480nm 的远程泵浦源，并在每个解波分复用（ODM）和波分复用（OAM）支路前引入 0.4~1m 的掺铒光纤（EDF），在远程泵浦源的作用下实现各节点的分布式光放大，从而确保传输光路中始终保持足够的光功率。

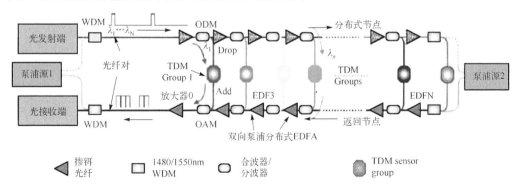

图 2.21　英国南安普敦大学提出的密集时分/波分混合复用光纤水听器阵列结构

当该系统的复用规模为 64T×16W 时，测得系统本底噪声在 −90dB 附近。文章还指出, 当系统复用规模增加至 256T×16W 时, 理论上的系统本底噪声仅为 −77dB, 并且增加的噪声主要由光放大噪声带来。该系统结构是将大规模复用与光放大链路结合的典范, 在光放大作用下实现了非常高的复用规模, 对实际远程大规模光纤水听器系统的设计和应用具有重要的指导意义。

2.4.2 传输光纤中的光放大技术

国防科技大学于 2014 年提出了 400km 远程光纤水听器系统, 其结构如图 2.22 所示[59]。该系统采用双波长, 每个波长对应 8 路时分复用, 总共 2W×8T = 16 路。系统分为光发射、光传输、光探测和光接收四部分, 其中光发射和光接收部分构成岸站系统, 光探测部分即水下的探测阵列, 而连接岸站系统和水下探测阵列的就是光传输部分。由于光纤传输距离长达 400km(往返 800km), 需要采用光放大链路结构对光功率进行有效补偿, 防止返回岸站的信噪比不足导致的噪声增加问题, 故光传输部分由远程传输光纤和光放大链路共同构成。具体来说, 每隔 100km 传输光纤, 设置一个掺铒光纤放大器, 该掺铒光纤放大器用于补偿这 100km 光纤的传输损耗(从水下探测阵列出来后的第一个掺铒光纤放大器用于补偿阵列引入的光损耗), 400km 光纤需要 4 个掺铒光纤放大器, 往返总共需要 8 个掺铒光纤放大器。

上述每个掺铒光纤放大器的增益约 19dB, 平均输入功率超过 20μW, 故光接收部分对应的光探测噪声较小。同时考虑到使用的激光器线宽较窄(∼5kHz)且脉宽较宽(∼500ns), 光纤色散引起的脉冲展宽效应也可以忽略。最后的实验结果显示, 该 400km 远程光纤水听器系统的相位噪声水平低至−97dB re 1rad/sqrt(Hz)@1kHz, 达到了非常好的噪声性能指标。该系统采用光放大链路实现光纤远程传输, 有力推动了我国光纤水听器系统的远程化进程。

2.4.3 遥泵光放大技术

国防科技大学 2021 年将遥泵光放大技术用于远程光纤水听器系统, 其结构如图 2.23 所示[60]。激光器发出的光经 EDFA 放大后, 经过 100km 的远程传输光纤, 到达时分复用阵列系统。由于长距离光纤传输损耗和阵列本身的损耗, 从时分复用阵列输出的光功率受到极大衰减, 因此在其输出端设置一个 EDFA, 并利用 1480nm 泵浦光经 100km 传输光纤进行遥泵, 从而对传输光进行放大, 保证其回到接收端时具有足够的光信噪比。

实验结果表明, 当泵浦功率为 1.1W 时遥泵增益达到最大, 并且系统的强度和相位噪声并未出现明显变化。但随着泵浦功率进一步增大, 自发拉曼效应发生, 导致部分能量从 1480nm 转化至 1580nm, 从而使得遥泵增益下降, 并且还显著增

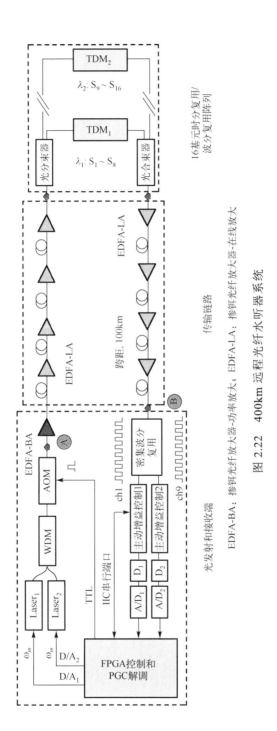

图 2.22　400km 远程光纤水听器系统

EDFA-BA：掺铒光纤放大器-功率放大；EDFA-LA：掺铒光纤放大器-在线放大

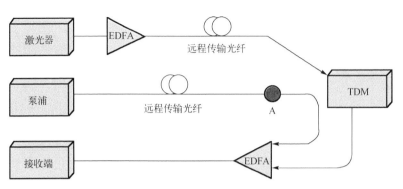

图 2.23　采用遥泵光放大技术的远程光纤水听器系统

加了系统的强度和相位噪声。因此，对于采用遥泵光放大技术的远程光纤水听器系统而言，泵浦功率的选择至关重要，一般需要控制在 1.1W 以下。该结论对于利用遥泵技术增加光纤水听器系统的远程传输距离提供了重要指导。

参 考 文 献

[1]　Cowle G J, Morkel P R, Laming R I, et al. Spectral broadening due to fibre amplifier phase noise[J]. Electronics Letters, 1990, 26(7): 424-425.

[2]　Giles C R, Burrus C A, DiGiovanni D J, et al. Characterization of erbium-doped fibers and application to modeling 980-nm and 1480-nm pumped amplifiers[J]. IEEE Photonics Technology Letters, 1991, 3(4): 363-365.

[3]　Giles C R, Desurvire E. Modeling erbium-doped fiber amplifiers[J]. Journal of Lightwave Technology, 1991, 9(2): 271-283.

[4]　Laming R I, Zervas M N, Payne D N. Erbium-doped fiber amplifier with 54dB gain and 3.1dB noise figures[J]. IEEE Photonics Technology Letters, 1992, 4(12): 1345-1347.

[5]　Yu A, O'Mahony M J, Siddiqui A S. Analysis of optical gain enhanced erbium-doped fiber amplifiers using optical filters[J]. IEEE Photonics Technology Letters, 1993, 5(7): 773-775.

[6]　Bouzid B, Ali B M, Abdullah M K. A high-gain EDFA design using double-pass amplification with a double-pass filter[J]. IEEE Photonics Technology Letters, 2003, 15(9): 1195-1197.

[7]　Mahdi M A, Khairi K A, Bouzid B, et al. Optimum pumping scheme of dual-stage triple-pass erbium-doped fiber amplifier[J]. IEEE Photonics Technology Letters, 2004, 16(2): 419-421.

[8]　Camas-Anzueto J L, Kuzin E A, Vazquez-Sanchez R A, et al. Design of an optical amplifier of high amplification for the application in optical fiber nonlinear processes[C]. 5th

Iberoamerican Meeting on Optics and 8th Latin American Meeting on Optics, Lasers, and Their Applications, SPIE, 2004, 5622: 276-280.

[9] 唐晓东, 曾庆济, 徐捷. 掺铒光纤放大器黑盒模型理论与实验[J]. 上海交通大学学报, 2002, 36(3): 340-343.

[10] 吴河浚, 陈天琪. 掺铒光纤放大器的交迭因子模型[J]. 光电子·激光, 1997, 8(4): 257-260.

[11] 祝志鹏, 蒋凤仙, 杨文奎. 掺铒光纤放大器的一种新的建模方法和系统设计[J]. 复旦学报: 自然科学版, 1999, 38(3): 272-276.

[12] 廖毅. 大规模光纤水听器阵列光放大技术研究[D]. 长沙: 国防科技大学, 2006.

[13] 马丽娜. 光纤水听器阵列中的光放大技术研究[D]. 长沙: 国防科技大学, 2005.

[14] 强则煊. 低噪声, 高增益, 高平坦度掺铒光纤放大器的分析与实验研究[D]. 杭州: 浙江大学, 2004.

[15] 范崇澄, 谢世钟, 杨知行, 等. 高速波分复用无中继光纤传输实验系统[J]. 高技术通讯, 1997, 7(1): 48-52.

[16] Cranch G A, Kirkendall C K, Daley K, et al. Large-scale remotely pumped and interrogated fiber-optic interferometric sensor array[J]. IEEE Photonics Technology Letters, 2003, 15(11): 1579-1581.

[17] Austin E, Zhang Q, Alam S, et al. 500km remote interrogation of optical sensor arrays[C]. 21st International Conference on Optical Fiber Sensors, SPIE, 2011, 7753: 412-415.

[18] Liao Y, Austin E, Nash P J, et al. Highly scalable amplified hybrid TDM/DWDM array architecture for interferometric fiber-optic sensor systems[J]. Journal of Lightwave Technology, 2012, 31(6): 882-888.

[19] Palais J C. Fiber Optic Communications (Fifth Edition) [M]. Beijing: Publishing House of Electronics Industry, 2007.

[20] Raman C V, Krishnan K S. A new type of secondary radiation[J]. Nature, 1928, 121(3048): 501-502.

[21] Stolen R H, Ippen E P, Tynes A R. Raman oscillation in glass optical waveguide[J]. Applied Physics Letters, 1972, 20(2): 62-64.

[22] Stolen R H, Ippen E P. Raman gain in glass optical waveguides[J]. Applied Physics Letters, 1973, 22(6): 276-278.

[23] Kidorf H, Rottwitt K, Nissov M, et al. Pump interactions in a 100-nm bandwidth Raman amplifier[J]. IEEE Photonics Technology Letters, 1999, 11(5): 530-532.

[24] Min B, Lee W J, Park N. Efficient formulation of Raman amplifier propagation equations with average power analysis[J]. IEEE Photonics Technology Letters, 2000, 12(11): 1486-1488.

[25] Menif M, Karásek M, Rusch L A. Cross-gain modulation in Raman fiber amplifier: Experimentation and modeling[J]. IEEE Photonics Technology Letters, 2002, 14(9): 1261-1263.

[26] Liu X, Lee B. Effective Shooting algorithm and its application to fiber amplifers[J]. Optics Express, 2003, 11(12): 1452-1461.

[27] Liu X, Zhang H, Guo Y. A novel method for Raman amplifier propagation equations[J]. IEEE Photonics Technology Letters, 2003, 15(3): 392-394.

[28] Liu X, Lee B. A fast and stable method for Raman amplifier propagation equations[J]. Optics Express, 2003, 11(18): 2163-2176.

[29] Mahgerefteh D, Butler D L, Goldhar J, et al. Technique for measurement of the Raman gain coefficient in optical fibers[J]. Optics Letters, 1996, 21(24): 2026-2028.

[30] Mahgereffeh D, Butler D L, Goldhar J, et al. Novel in-fiber technique for measurement of the Raman gain coefficient[C]. Proceedings of Optical Fiber Communication Conference, 1997: 188-189.

[31] Shaulov G, Mazurczyk V J, Golovchenko E A. Measurement of Raman gain coefficient for small wavelength shifts[C]. Optical Fiber Communication Conference, Optica Publishing Group, 2000.

[32] Cordina K J, Fludger C R S. Changes in Raman gain coefficient with pump wavelength in modern transmission fibres[C]. Optical Amplifiers and their Applications, Optica Publishing Group, 2002: OMC3.

[33] Kang Y. Calculations and Measurements of Raman Gain Coefficients of Different Fiber Types[D]. Virginia Polytechn, 2002.

[34] Wuilpart M, Ravet G, Megret P, et al. Distributed measurement of Raman gain spectrum in concatenations of optical fibres with OTDR[J]. Electronics Letters, 2003, 39(1): 88-89.

[35] Rottwitt K, Bromage J, Stentz A J, et al. Scaling of the Raman gain coefficient: Applications to germanosilicate fibers[J]. Journal of Lightwave Technology, 2003, 21(7): 1652-1662.

[36] Fang H, Lou S, Guo T, et al. Analysis on Raman gain coefficients in polarization maintaining photonic crystal fibers[J]. Chinese Optics Letters, 2006, 4(9): 508-511.

[37] Schneebeli L, Kieu K, Merzlyak E, et al. Measurement of the Raman gain coefficient via inverse Raman scattering[J]. Journal of the Optical Society of America B, 2013, 30(11): 2930-2939.

[38] Masuda H, Kawai S, Aida K. Ultra-wideband hybrid amplifier comprising distributed Raman amplifier and erbium-doped fibre amplifier[J]. Electronics Letters, 1998, 34(13): 1342-1344.

[39] Masuda H, Kawai S, Aida K. 76-nm 3-dB gain-band hybrid fiber amplifier without gain-

equalizer[C]. Optical Amplifiers and Their Applications, Optica Publishing Group, 2006.

[40] Masuda H, Kawai S. Wide-band and gain-flattened hybrid fiber amplifier consisting of an EDFA and a multiwavelength pumped Raman amplifier[J]. IEEE Photonics Technology Letters, 1999, 11(6): 647-649.

[41] Karásek M, Menif M, Bellemare A. Design of wideband hybrid amplifiers for local area networks[C]. IEE Proceedings-Optoelectronics, 2001, 148(3): 150-155.

[42] Emori Y, Tanaka K, Namiki S. 100nm bandwidth flat-gain Raman amplifiers pumped and gain-equalised by 12-wavelength-channel WDM laser diode unit[J]. Electronics Letters, 1999, 35(16): 1355-1356.

[43] Lewis S A E, Chernikov S V, Taylor J R. Triple wavelength pumped silica-fibre Raman amplifiers with 114nm bandwidth [J]. Electronics Letters, 1999, 35(20): 1761-1762.

[44] Lewis S A E, Chernikov S V, Taylor J R. Characterization of double Rayleigh scatter noise in Raman amplifiers[J]. IEEE Photonics Technology Letters, 2000, 12(5): 528-530.

[45] Fludger C R S, Mears R J. Electrical measurements of multipath interference in distributed Raman amplifiers[J]. Journal of Lightwave Technology, 2001, 19(4): 536-545.

[46] 姜文宁, 陈建平, 陈英礼, 等. 光纤拉曼放大器中双重瑞利背向散射噪声的抑制[J]. 光学学报, 2002, 22(5): 539-541.

[47] 梅进杰, 刘德明, 黄德修. 多路干涉对光纤拉曼放大器噪声因数的影响[J]. 光学学报, 2003, 23(6): 651-655.

[48] 孔庆花, 王胜坤. 喇曼放大器的自发辐射噪声特性分析[J]. 太原理工大学学报, 2003, 34(4): 487-488.

[49] 王科研. 远程光纤水听器系统光纤拉曼放大技术研究[D]. 长沙: 国防科技大学, 2009.

[50] 曹春燕. 光纤水听器阵列超远程光传输低噪声光放大链关键技术研究[D]. 长沙: 国防科技大学, 2013.

[51] Boyd R W. Nolinear Optics[M]. Pittsburgh: Academic Press, 2007.

[52] Woodbury E J, Ng W K. Ruby laser operation in the near IR [C]. Proceedings of IRE, 1962, 50: 2367.

[53] 张韵华, 奚梅成, 陈效群. 数值计算方法与算法[M]. 北京: 科学出版社, 2006.

[54] 李庆扬. 数值分析基础教程[M]. 北京: 高等教育出版社, 2001.

[55] Singh S, Kaler R S. Flat-gain L-band Raman-EDFA hybrid optical amplifier for dense wavelength division multiplexed system[J]. IEEE Photonics Technology Letters, 2012, 25(3): 250-252.

[56] Oliveira J R F, Moura U C, Paiva G E R, et al. Hybrid EDFA/Raman amplification topology for repeaterless 4.48Tb/s (40×112Gb/s DP-DQPSK) transmission over 302km of G. 652

standard single mode fiber[J]. Journal of Lightwave Technology, 2013, 31(16): 2799-2808.

[57] Martins H F, Martín-López S, Corredera P, et al. Phase-sensitive optical time domain reflectometer assisted by first-order Raman amplification for distributed vibration sensing over >100km[J]. Journal of Lightwave Technology, 2014, 32(8): 1510-1518.

[58] Zhu B, Zhang H, Borel P I, et al. 200km repeater length transmission of real-time processed 21.2Tb/s (106×200Gb/s) over 1200km fibre[C]. 45th European Conference on Optical Communication, Dublin, 2019.

[59] Cao C, Xiong S, Yao Q, et al. Performance of a 400km interrogated fiber optics hydrophone array[C]. 23rd International Conference on Optical Fibre Sensors, 2014, 9157: 1330-1333.

[60] Hu N, Cao C, Hou Q, et al. Study on phase noise characteristics of optical fiber sensing system based on remotely pumped light amplification[C]//2021 19th International Conference on Optical Communications and Networks (ICOCN), 2021: 1-4.

第 **3** 章

远程光纤水听器系统受激布里渊散射影响及抑制

受激布里渊散射(SBS)是远程光纤传输中最容易发生的一种非线性效应,当传输光纤距离大于 50km 时,其阈值功率低至约 4~5mW[1,2]。SBS 发生时,不仅会使大部分功率转移至后向散射光造成传输功率的极大损耗,还会给前向输出光带来大量相位噪声,导致光纤水听器系统探测灵敏度严重降低。SBS 的发生严重制约系统输入功率与探测性能,故研究远程光纤水听器系统中 SBS 特性并对其进行有效抑制具有重要意义。本章从布里渊散射理论模型出发,介绍 SBS 对远程光纤水听器系统强度与相位噪声的影响,针对远程光纤水听器系统介绍 SBS 抑制技术。

3.1　光纤中的受激布里渊散射

3.1.1　光纤中 SBS 概述

SBS 是光纤中一种典型的非线性效应,当 SBS 显著发生时,大部分功率转移至后向,因而 SBS 限制了光纤中的最大可传输功率。从频率上来看,后向散射光主要是频率下移的斯托克斯光。对于以石英为材料的常规单模光纤而言,斯托克斯光相对于前向泵浦光的频移约为 11GHz。

SBS 的阈值公式如式(1.1)所示,从式中可以看出,SBS 阈值与偏振因子、纤芯有效截面积、布里渊增益峰值、光纤有效长度、激光源线宽以及布里渊增益带宽有关。对于 G652 常规单模光纤,偏振因子、纤芯有效截面积、布里渊增益峰值、布里渊增益带宽都可看作常数,而当光纤长度足够长时,由式(1.2)可以看出此时光纤有效长度基本不再变化,都对应于光纤衰减系数的倒数。在这种情况下,SBS 阈值仅与激光源的线宽有关。对于窄线宽的激光源而言,如式(1.1)所示,其与布里渊增益带宽的比值可以忽略,此时计算出的 SBS 阈值约为 4mW;而对于线宽可与布里渊增益带宽相比甚至大于布里渊增益带宽的激光源而言,则必须考虑线宽的影响,线宽越宽,对应 SBS 阈值越大,这也为通过增大激光源线宽来抑制光纤中的 SBS 提供了理论依据。

3.1.2　SBS 理论模型

1. 定域非起伏模型

假设 SBS 处于稳态条件且不考虑光纤损耗,此时 SBS 可由下列泵浦光与斯托克斯光的强度耦合方程组表示:

$$\begin{cases} \dfrac{dI_p}{dz} = -g_B I_p I_s \\ \dfrac{dI_s}{dz} = -g_B I_p I_s \end{cases} \tag{3.1}$$

其中,I_p 和 I_s 分别代表泵浦光强和斯托克斯光强,g_B 为布里渊增益系数峰值。泵浦光在光纤前端 $z = 0$ 处注入,光纤长度为 L,边界条件为 $I_s(L) = f I_p(L)$。该边界条件表示引起 SBS 的 SpBS 仅发生于光纤后端,这就是"定域"的含义。其中 f 为 $z = L$ 处后向散射光与前向输出光之比即用于产生 SpBS 种子光的部分,假设 f 为定值,这就是"非起伏"的含义。利用边界条件解上述方程组可得:

$$G = \frac{\ln R - \ln f}{1 - R} \tag{3.2}$$

其中,$G = g_B I_p(0) L$ 为单程增益,$R = I_s(0)/I_p(0)$ 为反射率。根据式(3.2)得出不同 f 对应的 R 随 G 的变化曲线如图 3.1 所示。

从图 3.1 中可以看出,当 G 大于某些特定值时,R 开始迅速增大,即 SBS 存在明显的阈值效应。$G = 23$、25、27 分别对应 $f = 10^{-12}$、10^{-13}、10^{-14} 时的 SBS 阈值增益,说明 SBS 阈值随 f 减小而增大。如前文所述,f 的大小代表 SpBS 种子光的强弱,这就印证了 SBS 起源于 SpBS 的观点,即 SpBS 越弱,SBS 就越难发生,相应的 SBS 阈值也就越高。在光纤中一般选取 $G = 25$ 作为阈值增益,对应 $f = 10^{-13}$。

第3章 远程光纤水听器系统受激布里渊散射影响及抑制

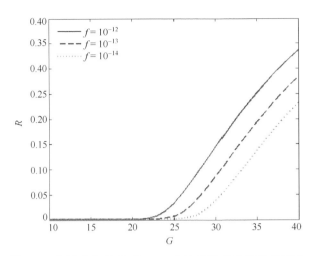

图 3.1　定域非起伏模型 SBS 反射率随单程增益的变化

2. 定域起伏模型

定域起伏模型是定域非起伏模型的进一步发展，与定域非起伏模型不同，此时 f 不再为常数，而是具有类似热源特性的概率分布，即：

$$P(f) = \frac{1}{f_0} \exp(-f / f_0) \tag{3.3}$$

由上式可求得 f 平均值为 f_0。f 的起伏将会导致 R 的起伏，且 R 具有概率分布：

$$Q(R) = \frac{1}{f_0} \exp[-f(R)/f_0] \frac{df}{dR} = \frac{1}{f_0} \exp\left(\frac{-R e^{GR-G}}{f_0}\right)(1 + GR) \exp(GR - G) \tag{3.4}$$

利用 $< R >= \int_0^1 RQ(R)dR$ 可得到不同 f_0 对应的 SBS 反射率平均值 $<R>$ 随单程增益 G 的变化曲线如图 3.2 所示。

图 3.1 与图 3.2 变化趋势一致，SBS 阈值都随 f 减小而增大，再次证明了 SBS 起源于 SpBS。此处 $G = 25$ 对应 $f = 10^{-12.3}$ 时的 SBS 阈值增益，而定域非起伏模型中阈值增益为 25 时对应 $f = 10^{-13}$，这说明若产生相同的 SBS 阈值，定域起伏模型需要更强的 SpBS 种子光。换个角度来讲，对于同样强度的 SpBS 种子光，利用定域起伏模型得到的阈值更高。

一般用相对强度噪声来描述光强起伏，可表示为：

$$\text{RIN} = 10\lg(<\delta P^2 > / < P >^2) = 20\lg((<\delta P^2 >)^{1/2} / < P >) \tag{3.5}$$

其中，$<P>$ 为平均功率，$<\delta P^2>$ 为功率起伏的均方值谱密度。在定域起伏模型中，由于反射率的起伏，导致与反射率有关的后向散射光强与前向输出光强也存在起伏，由此引入强度噪声。利用光强归一化的标准差作为相对强度噪声的量度，即：

$$\Delta I = (<I^2> - <I>^2)^{1/2}/<I> \tag{3.6}$$

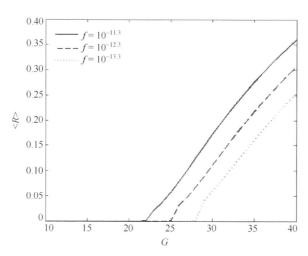

图 3.2　定域起伏模型 SBS 反射率平均值随单程增益的变化

考虑到光纤前端的后向散射光强和光纤后端的前向输出光强分别可由 $I_s(0) = R I_p(0)$ 和 $I_p(L) \approx (1-R)I_p(0)$ 表示，将其分别代入式(3.4)并结合式(3.2)最终可得定域起伏模型下前向和后向强度噪声随增益的变化曲线如图 3.3 所示（取 $f = 10^{-12.3}$）。

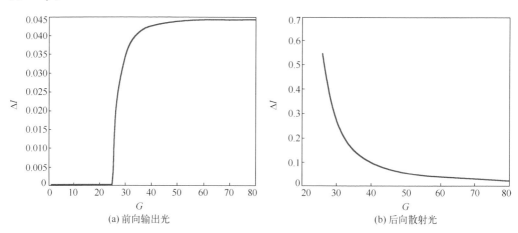

(a) 前向输出光　　　　　　　　　　(b) 后向散射光

图 3.3　定域起伏模型前向输出光与后向散射光强度噪声随增益的变化

第3章 远程光纤水听器系统受激布里渊散射影响及抑制

从图中可以看出,前向输出光与后向散射光的强度噪声变化趋势是不一致的。对于前向输出光,强度噪声开始时为零,达到 SBS 阈值后($G = 25$)迅速增大,说明 SBS 会给前向输出光引入大量强度噪声,其来源于后向散射光强度噪声通过能量交换作用的转移。随着增益的进一步增大,前向输出光的强度噪声逐渐趋于平坦,说明前向强度噪声不会无限增大,这是由于随增益增大 SBS 出现了饱和。对于后向散射光,达到 SBS 阈值后,强度噪声开始减小且减小速度由快变慢。后向强度噪声根源于热起伏导致的 SpBS 并受到 SBS 的放大作用,其最终趋于平坦同样是由于 SBS 放大过程的饱和。

3. 分布起伏模型

从前文分析可知,所谓"定域"就是将 SpBS 种子光固定在光纤后端,若 SpBS 种子光存在于整段光纤,则引入"分布"的概念。为简便起见,首先讨论未考虑泵浦损耗的分布起伏模型,即假设沿整段光纤泵浦光强不发生改变都为 $I_p(0)$。同时考虑到光强的谱分布,SBS 过程可表示为:

$$-\frac{dI_s(z,\omega)}{dz} = g(\omega)I_s(z,\omega)I_p(0) + I_s^{sp}(0,\omega) \tag{3.7}$$

其中,$g(\omega)$ 为布里渊增益谱分布,$I_s^{sp}(0,\omega)$ 为光纤单位长度上的后向 SpBS 种子光谱分布,与光纤位置 z 无关。假设 $I_s(L,\omega) = 0$ 即没有外界种子光输入,对式(3.7)在整段光纤上进行积分可得:

$$I_s(0,\omega) = \frac{I_s^{sp}(0,\omega)}{g(\omega)I_p(0)}\{\exp[g(\omega)I_p(0)L]-1\} \tag{3.8}$$

对上式在光谱上进行积分可得:

$$R \approx C\frac{e^G}{G^{3/2}} \tag{3.9}$$

其中,C 为与 SpBS 系数及光纤长度等因素有关的常数,可取 $C = 6.1 \times 10^{-11}$,由此做出反射率随增益的变化曲线如图 3.4 所示。

尽管未考虑泵浦损耗的分布起伏模型很好地预测了 SBS 阈值($G \approx 25$),但正是由于没有考虑泵浦损耗,导致反射率在超过阈值后增加过快且不收敛,成为该模型的主要弊端。

当考虑泵浦损耗时,需要综合考虑泵浦光、斯托克斯光和声波的相互作用,引入三波耦合方程组:

$$
\begin{cases}
\dfrac{\partial E_{\mathrm p}(z,t)}{\partial z} + \dfrac{n}{c}\dfrac{\partial E_{\mathrm p}(z,t)}{\partial t} = -\dfrac{\alpha}{2}E_{\mathrm p}(z,t) + i\kappa\rho(z,t)E_{\mathrm s}(z,t) \\[2mm]
\dfrac{\partial E_{\mathrm s}(z,t)}{\partial z} - \dfrac{n}{c}\dfrac{\partial E_{\mathrm s}(z,t)}{\partial t} = \dfrac{\alpha}{2}E_{\mathrm s}(z,t) - i\kappa\rho^{*}(z,t)E_{\mathrm p}(z,t) \\[2mm]
\dfrac{\partial \rho(z,t)}{\partial t} + \dfrac{\Gamma_{\mathrm a}}{2}\rho(z,t) = i\Lambda E_{\mathrm p}(z,t)E_{\mathrm s}^{*}(z,t) + f(z,t)
\end{cases}
\tag{3.10}
$$

其中，$E_{\mathrm p}(z,t)$、$E_{\mathrm s}(z,t)$ 和 $\rho(z,t)$ 分别代表泵浦光、斯托克斯光和声波的复振幅，n 为光纤折射率，c 为真空中光速，α 为光纤衰减系数，$\Gamma_{\mathrm a}$ 为声波衰减速率，κ 和 Λ 为两个布里渊耦合常数。$f(z,t)$ 表示 Langevin 噪声源，用于描述光纤中的热起伏特性。该热噪声平均值为 0 且满足 $<f(z,t)\,f^{*}(z',t')> = Q\delta(z-z')\,\delta(t-t')$，其中 Q 为与温度、声速及纤芯截面积有关的参量。上述耦合方程组仅有数值解。

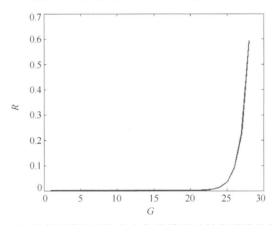

图 3.4　未考虑泵浦损耗的分布起伏模型反射率随增益的变化

3.2　受激布里渊散射对远程光纤水听器系统的影响

3.1 节介绍了光纤中 SBS 的特点和模型，由于本书针对的是远程光纤水听器系统，本节将介绍 SBS 对远程光纤水听器系统的影响，尤其是对系统强度噪声和相位噪声的影响。

3.2.1　SBS 强度噪声特性

1. 实验装置

实验中用于测量光纤中 SBS 强度噪声的装置如图 3.5 所示。半导体激光器发出的 1550nm 的激光经增益可调的掺铒光纤放大器（EDFA）放大，激光器的输出功率调至 10mW 用于抑制 EDFA 产生的放大自发辐射噪声，通过调节 EDFA 增益产生不同的入射功率。从 EDFA 输出的光经基于光纤光栅的带宽约为 0.3nm 的滤波器(filter)滤波后进入环形器(circulator2)，通过该环形器既可使光由 A 端口注入 50km 的普通单模光纤(SMF)，又可在 C 端口得到光纤的后向散射光，而前向输出光在 B 端口得到。对于前向输出光和后向散射光，在进入光探测器前都先经可调光衰减器(VOA)衰减以确保相同的探测功率，然后利用数字采集卡(A/D)采集数据并通过计算机中相应的程序计算最终获得相对强度噪声。

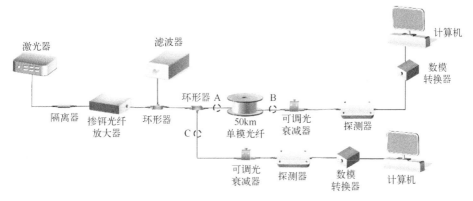

图 3.5　光纤强度噪声测量装置

图 3.6 以输入功率 6mW 时的前向噪声为例给出了典型的相对强度噪声(RIN)谱，可以看出低频时(小于 1kHz)相对强度噪声较大。图 3.7 给出了本实验中前向输出功率和后向散射功率随输入功率的变化曲线。本实验 SBS 阈值略高(约 6mW)，这是由于本实验所用激光器线宽较大导致的。

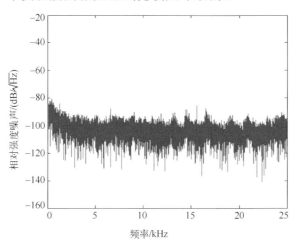

图 3.6　输入功率 6mW 时前向强度噪声谱

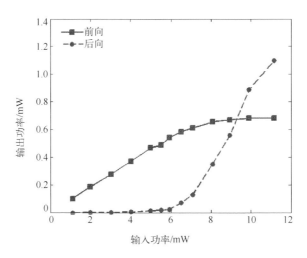

图 3.7   前后向输出功率随输入功率变化

2. SBS 对强度噪声的影响

图 3.8 给出了实验测得的前向输出光的相对强度噪声随输入功率的变化曲线。从图中可以看出，相对强度噪声开始时较小，在 SBS 阈值(约 6mW)附近开始迅速增大，然后逐渐趋于平坦。与前文定域起伏模型得到的结果(图 3.3)进行比较，由于 $G = g_B I_p(0) L$，故两幅图的横坐标是等价的，同时考虑到 ΔI 是相对强度噪声的一种量度，故两幅图的纵坐标也是等价的，因而这两幅图所呈现的相对强度噪声的变化趋势是一致的，即理论与实验吻合得很好。总之，SBS 会给前向输出光引入大量的强度噪声，从而导致系统性能降低。

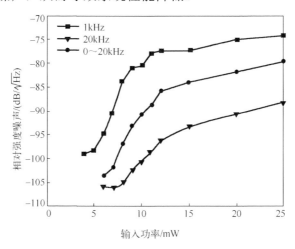

图 3.8   前向输出光相对强度噪声随输入功率的变化

第 3 章 远程光纤水听器系统受激布里渊散射影响及抑制

在远程光纤水听器系统中，光经过长距离光纤传输后进入光纤干涉仪，而干涉仪输出的干涉光强经后续信号解调后得到最终的相位信号。故 SBS 给前向输出光引入的强度噪声会最终转化为系统的相位噪声，进而导致系统探测性能下降。需要说明的是，在实际的光纤水听器系统中，光纤的前向传输光输入传感阵列并影响系统性能，故本书中不再涉及后向散射光的噪声特性。

3.2.2 SBS 相位噪声特性

1. 实验装置

实验中用于测量 SBS 引入的相位噪声的装置如图 3.9 所示。与图 3.5 给出的强度噪声测量装置相比，此处采用光程差 1m 的非平衡 Michelson 干涉仪加相位产生载波 (PGC) 解调技术来测量相位噪声，采用窄线宽 (约 10kHz) 半导体激光器 (LD) 作为光源，并将掺铒光纤放大器 (EDFA) 和可调光衰减器 (VOA) 结合来调节入纤功率。保证每次实验 EDFA 的入射功率相同从而确保其放大自发辐射光产生的线性噪声一致，在此基础上研究非线性噪声的影响。图 3.10 以输入功率为 5mW (红色)、7mW (蓝色) 和 9mW (绿色) 为例给出了典型的相位噪声谱。

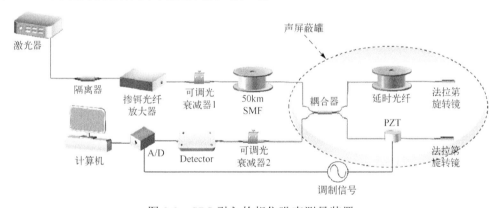

图 3.9　SBS 引入的相位噪声测量装置

2. SBS 引入的相位噪声

图 3.11 给出了实验测得的不同频率下的相位噪声随输入功率的变化曲线。可以看出当光纤输入功率小于 SBS 阈值时相位噪声较低，低于 $-95\mathrm{dB}/\sqrt{\mathrm{Hz}}$，达到 SBS 阈值后开始增大，最后在大约 $-65\mathrm{dB}/\sqrt{\mathrm{Hz}}$ 处趋于稳定。说明 SBS 会给系统引入大量相位噪声，从而导致光纤水听器系统探测灵敏度的降低。图 3.11 的变化趋势与图 3.8 一致，即 SBS 发生前，强度噪声和相位噪声都处在一个相对较低的水平，但 SBS 一旦发生，强度噪声和相位噪声都呈现急剧增长趋势，并

最终趋于稳定。这充分说明 SBS 导致的强度噪声最终将转化为相位噪声，给远程光纤水听器系统的探测性能带来严重影响，故研究光纤中 SBS 的抑制方法显得尤为重要。

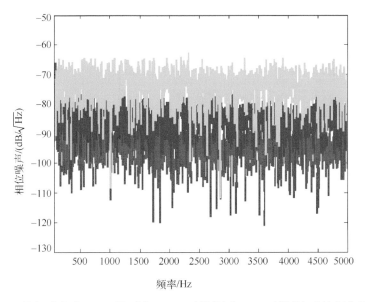

图 3.10　输入功率为 5mW(红色)、7mW(蓝色)和 9mW(绿色)时的相位噪声谱

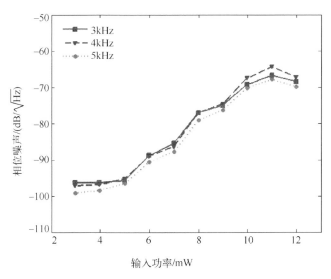

图 3.11　相位噪声随输入功率的变化

第 **3** 章 远程光纤水听器系统受激布里渊散射影响及抑制

3.3 光纤中受激布里渊散射的抑制

3.3.1 常见的光纤 SBS 抑制方法及分析

从阈值估算公式(1.1)可看出，增大纤芯有效模场面积，减小光纤有效长度，改变偏振特性，增加信号光带宽，减小光纤布里渊峰值增益等方法都可以增大光纤 SBS 阈值，从而抑制 SBS。

对于 SBS 抑制技术，前人进行了大量的研究。1988 年，Y.Aoki 等研究了 SBS 阈值对光纤传感系统输入功率的限制问题[3]。张林涛、叶培大求解了瞬态 SBS 问题，分析了相干通信系统中各种调制方式抑制 SBS 的能力[4]。1992～1993 年，X.P.Mao 与 De Oliveira 等分别研究了不同光纤种类与布里渊频移不均匀性对 SBS 阈值的影响，实验证明当两段级联光纤布里渊频移差大于布里渊增益带宽时，布里渊阈值与单根光纤相同，将多段具有不同布里渊频移的光纤级联可将 SBS 阈值提升 10 倍以上[5,6]。Yoshizawa 等研究了沿光纤施加不均匀分布式应力对 SBS 的抑制作用，将布里渊增益谱从 50MHz 展宽至 400MHz，SBS 阈值提升 7dB[7]。1996 年，Shiraki 通过掺杂方法制造了布里渊频移分布不均匀光纤，SBS 阈值提高约 7dB[8]。1998 年，康宁公司申请了通过改变光纤掺杂结构提高 SBS 阈值的发明专利[9]。2005 年，Dragic 等通过在光纤纤芯外加声波导涂层实现 SBS 抑制，该方法可使 SBS 阈值提高约 6 倍[10]。2007 年，Anping Liu 等研究了光纤放大器中非均匀光纤与温度梯度分布对 SBS 的抑制作用，将 SBS 阈值提高 7dB[11]。国防科技大学吴武明等研究并申请了同时施加温度与应变分布方法抑制光纤放大器中 SBS 的发明专利，该方法可以将 SBS 增益谱展宽至 1GHz 以上，从而有效提升 SBS 阈值[12]。2011 年，Brian Ishaug 研究了利用预补偿调制抑制光纤通信系统中 SBS 的技术并申请了发明专利[13]。2013 年，Lin Ma 等研究了通过控制光纤拉制过程中的温度与速度，得到不均匀布里渊频移光纤以抑制 SBS 的技术[14]。

相位调制是一种操作方便、效率较高的 SBS 抑制方案，前人在这方面进行了大量工作。1989 年，E.Lichtman 等人研究了不同相位调制方式下的 SBS 阈值[15]。1998 年，李伟、濮宏图、吴健等在国内第一次利用微波进行相位调制做光谱展宽研究，显著降低了激光相干性，可以有效提高 SBS 阈值[16]。2001 年，杨建良、郭照南等对调幅有线电视(AM-CATV)外调制传输系统中相位调制法抑制 SBS 进行了详细的实验研究，结果显示抑制效果与调相微波源个数及调制深度有关，与微波源频率无关，单个调相源可将 SBS 阈值提高 6dB 以上，两个调相源可以提高 11dB 以上[17]。2009 年，刘英繁、吕志伟等实验证明了多频相位调制对 SBS 的抑制作用，在十一条等幅光梳作用下，SBS 阈值提高了 10.67dB[18]。2010 年，John C.Mauro 等研究了多频相位调制对布里渊阈值提升效应的影响，通过调节多频信号之间的相位差实现了 17dB 的 SBS 抑制比[19]。陈伟等详细研究了单频相位调制对光纤中 SBS 的影响因素，给出了详细的实验结果，50km 单模光纤 SBS 阈值提升了 7dB[20]。2011 年，杜文博等研究了相位调制对高功率窄线宽光纤放大器中 SBS 的抑制作用，在施加 100MHz 调制信号时 SBS 阈值提高 3.7 倍[21]。2012 年，Clint Zeringue 等理论上研究了光纤放大器中各种相位调制格式对 SBS 的抑制效果，结果表明 $n = 7$ 的 5GHz 的伪随机编码序列(PRBS)对 9m 光纤 SBS 抑制比达 17dB[22]。

也有很多学者对光频调制抑制 SBS 进行了大量研究。1991 年，A．Hirose 等研究了线性扫频激光对通信系统中 SBS 及串扰的抑制作用，建立了一个理论模型，仿真了线性扫频激光对 SBS 阈值与串扰的影响[23]。1996 年，L. Eskildsen 提出用温度调节的方式对 DFB 激光器进行频率调节，5kHz 正弦调制使 SBS 阈值提高了 12.4dB[24]。2009 年，P. Mitchell 等用数字超模布拉格反射式激光器(DSDBR)实现了几乎不附加幅度调制的光频调制，利用光频调制将激光器线宽从 30MHz 展宽到 3GHz，SBS 阈值增加约 80 倍[25]。2010 年，陈伟等对光频调制抑制 SBS 进行了详细的实验研究，虽然受限于实验所用激光器的调制性能，SBS 阈值只从 4.1mW 增长到 6.2mW，但得到了 SBS 随调制幅度与调制频率的详细关系[26]。2012 年，Carl E. Mungan 等研究了线性调频激光在光纤放大器中的应用，通过在 18m 有源光纤中对 1.06μm 的光进行 10^{16}Hz/s 的线性调频，得到窄线宽的千瓦量级激光输出[27]。

综上所述，现有的 SBS 抑制技术主要有增大纤芯半径、纤芯掺杂、施加温度与应力变化改变光纤布里渊频移、不同布里渊光纤级联、声波导涂层、光频调制、相位调制等。各种方法分别在不同的应用领域取得了一定的抑制效果。其中增大纤芯半径、纤芯掺杂、不同频移光纤级联等方法都需要对光纤进行特殊设计，明显增加光纤传感系统成本；施加温度与应力变化方案只适用于实验室条件，不适合在实际环境中应用。对于远程光纤水听器系统 SBS 抑制而言，需要成本低、稳定性好的方法，其中比较适用的是相位调制与光频调制方法。相位调制方法通过将传输光功率分散到多个频率边带上，降低了每个边带频率的光功率，当调制频率大于布里渊增益带宽(几十兆赫兹)时，SBS 阈值由最大的频率边带功率决定，可以有效提升 SBS 阈值，实现 SBS 的有效抑制。光频调制方法通过直接调制光源输出频率，可有效降低布里渊峰值增益，达到抑制 SBS 的目的，且不会给系统增加额外器件，不增加系统复杂度。相位调制与光频调制方法都具有 SBS 抑制效率高、操作简单、成本较低的优点，适用于远程光纤水听器系统。本书将致力于

第 3 章 远程光纤水听器系统受激布里渊散射影响及抑制

介绍相位调制及光频调制对系统 SBS 及相位噪声的影响，并通过提高系统 SBS 阈值，提升系统最大输入功率与传输距离。

3.3.2 相位调制抑制 SBS

1. 相位调制抑制 SBS 原理

本节以单频余弦相位调制为例，说明相位调制技术对 SBS 抑制的物理机理。其他形式的调制格式可以参考本节理论进行分析。

假设输入光纤的单频激光表达式为：

$$E = E_0 \cos(\omega_0 t + \varphi_0) \tag{3.11}$$

其中，E_0、ω_0、φ_0 分别表示输入光的幅度、角频率、初相位。

对输入光施加余弦相位调制，则调制光的输出表达式为：

$$E = E_0 \cos\{\delta_1 \cos(\omega_p t + \varphi_1) + \omega_0 t + \varphi_0\} \tag{3.12}$$

其中，ω_p 为调制信号角频率，δ_1 为调制度（$\delta_1 = V\pi / V_\pi$），V 为调制信号幅度，V_π 为相位调制器半波电压。将式 (3.12) 进行贝塞尔函数展开得：

$$
\begin{aligned}
E = E_0 \{ & J_0(\delta_1)\cos(\omega_0 t + \varphi_1) \\
& + \sum_{k=1}^{+\infty} (-1)^k J_{2k}(\delta_1)(\cos[2k(\omega_p t + \varphi_1) + \omega_0 t + \varphi_0] + \cos[\omega_0 t + \varphi_0 \\
& - 2k(\omega_p t + \varphi_1)]) - \sum_{k=1}^{+\infty} (-1)^k J_{2k+1}(\delta_1)(\sin[(2k+1)(\omega_p t + \varphi_1) \\
& + \omega_0 t + \varphi_0] + \sin[\omega_0 t + \varphi_0 - (2k+1)(\omega_p t + \varphi_1)])\}
\end{aligned}
\tag{3.13}
$$

由式 (3.13) 可以看出，经相位调制后单频激光变成了各边带之间频率间隔为 ω_p 的多频激光。各频率边带成分的振幅由贝塞尔函数决定，与调制度有关。

SBS 经典阈值公式只适用于单频激光，对于相位调制产生的多频激光，可以从布里渊增益谱着手，对 SBS 阈值进行计算。

对单频光而言，自然布里渊增益表示为以下形式：

$$g(\upsilon) = \frac{(\Delta \upsilon_B / 2)^2}{[\upsilon - (\upsilon_0 - \upsilon_B)]^2 + (\Delta \upsilon_B / 2)^2} g_p \tag{3.14}$$

其中，$\Delta \upsilon_B$ 为自然布里渊增益带宽，g_p 为自然布里渊增益峰值，υ_B 为布里渊频移。

对调制光而言，其布里渊增益为各个边带布里渊增益之和，即：

$$g_m(\upsilon) = \sum_0^n [J_k(\delta_1)]^2 g_p \frac{(\Delta \upsilon_B / 2)^2}{[\upsilon - (\upsilon_0 + k\upsilon_p - \upsilon_B)]^2 + (\Delta \upsilon_B / 2)^2} \tag{3.15}$$

由于 SBS 首先在布里渊增益最大频率处发生,所以 SBS 阈值由布里渊峰值增益决定。由于远程光纤水听器系统中所用的激光器线宽很窄($\sim$kHz),相比布里渊增益带宽(几十 MHz)而言很小,可以忽略不计。SBS 阈值计算公式可表示为:

$$P_{\text{th}}^{\text{SBS}} = 21 \frac{KA_{\text{eff}}}{g_{\text{B}}(\upsilon_{\text{max}})L_{\text{eff}}} \tag{3.16}$$

所以相位调制对 SBS 阈值抑制比可表示为:

$$R = \frac{g_{\text{p}}}{g_{\text{m}}(\upsilon_{\text{max}})} \tag{3.17}$$

其中,$g_{\text{m}}(\upsilon_{\text{max}})$ 为调制光输入时的有效布里渊峰值增益。取单模光纤自然布里渊增益带宽为 40MHz,根据以上分析,图 3.12 给出了相位调制度 1.435 时,单频光与调制频率 30MHz、50MHz 和 100MHz 时相位调制光的布里渊增益谱,可以看出随着调制频率增大,相邻边带布里渊增益谱的重合度逐渐减小,布里渊峰值增益逐渐减小,随着调制频率大于自然布里渊峰值增益,布里渊峰值增益增速减慢,逐渐趋于常数。与调制光的布里渊峰值增益变化相对应的是 SBS 抑制比随调制频率增大而增大。图 3.13 给出了调制度 1.435 时 SBS 抑制比随调制频率的变化图,当调制频率大于自然布里渊增益带宽时增速减慢并逐渐趋于常数。图 3.14 给出了调制频率 60MHz 时,不同相位调制度产生的调制光布里渊增益谱,可以看出调制光频率边带逐渐增多,布里渊峰值增益逐渐减小。图 3.15 显示了调制频率 60MHz 时 SBS 抑制比随调制度的变化图,随着调制度的增加,SBS 抑制比总体上呈现增长趋势,但存在振荡增长的现象,由于振荡幅度较小,实验上可能体现得不太明显。

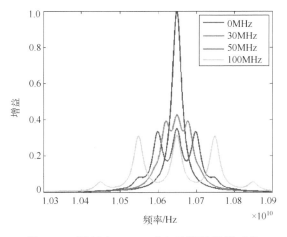

图 3.12 调制度 1.435 时布里渊增益谱对比

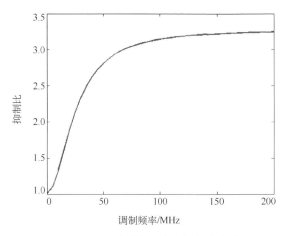

图 3.13 SBS 抑制比随调制频率变化

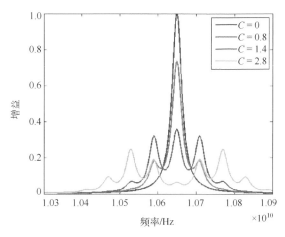

图 3.14 调制频率 60MHz 时布里渊增益谱

综上所述，相位调制产生的多频光展宽了布里渊增益谱，降低了布里渊峰值增益，当相位调制频率增大时，各个边带的布里渊增益重合度逐渐降低，峰值增益下降，SBS 抑制比逐渐增大，当调制频率大于自然布里渊增益线宽时 SBS 抑制比增加逐渐减慢，SBS 阈值由功率最大的边带决定[18]。当相位调制度增大时，产生的相位调制光边带逐渐增多，边带功率逐渐增大，布里渊峰值增益降低，SBS 抑制比随相位调制度振荡增大。为有效抑制 SBS，应选取相位调制频率使之大于光纤的自然布里渊增益线宽，并采用较大的调制度以降低最大边带功率。

2. 相位调制对远程光纤中 SBS 的抑制实验

本节详细研究了单频相位调制时 SBS 阈值随调制度与调制频率的变化关系，

还对多频相位调制对 SBS 的抑制效果进行了对比。结果表明了相位调制对 SBS 抑制的有效性。

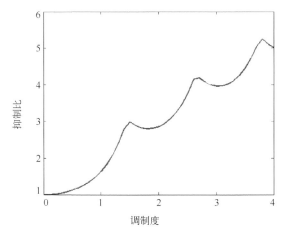

图 3.15 SBS 抑制比随调制度变化

研究相位调制抑制 SBS 阈值的实验装置如图 3.16 所示,实验中采用的光源为窄线宽单频激光器(LD),波长 1550nm,线宽小于 10kHz。LD 输出光经相位调制器(PM)调制后产生多频激光,该多频激光经 EDFA 放大后由可变衰减器(VOA)调节功率大小,由 1:99 耦合器(CP)分出 1%的光由探测器 1(D1)进行监测。99%光功率经环形器(Circulator)输入 50km 单模光纤,光纤后向散射功率由探测器 2(D2)监测,法布里-珀罗干涉仪(F-P)测量调制光多频边带结构,任意波形发生器(AWG)产生相位调制信号。

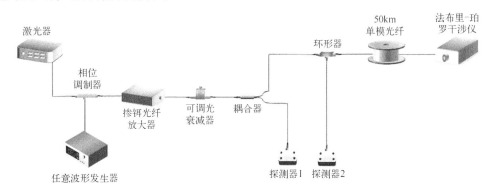

图 3.16 相位调制抑制 SBS 实验装置

图 3.17 和图 3.18 为施加单频相位调制的 SBS 实验结果。图 3.17 给出了不同调制度单频余弦调制时 50km 光纤后向散射功率随输入功率的变化关系。在实验

中，我们定义当后向散射功率达到输入功率 1%时对应的输入功率为 SBS 阈值。当调制度分别为 0，1.2，1.8，2.4，3 时，测得的 SBS 阈值分别为 4.83mW，8.14mW，10.87mW，12.21mW 和 14.78mW。实验结果表明，当对激光进行单频余弦调制时，SBS 阈值随调制电压增大而增大。实验中 SBS 阈值增加了 4.8dB，SBS 抑制比受限于信号源最大输出电压。

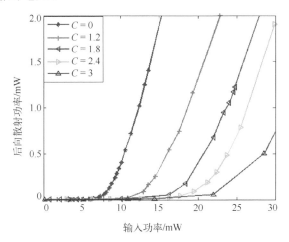

图 3.17　调制频率 25MHz 时，50km 光纤后向散射功率随输入功率变化图

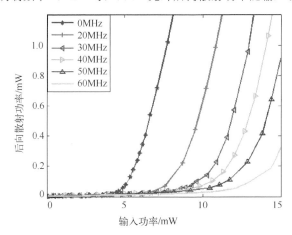

图 3.18　调制度 1.5 时，50km 光纤后向散射功率随输入功率变化图

图 3.18 给出了调制度为 1.5，不同调制频率下 50km 光纤后向散射功率随输入功率变化情况。当调制频率分别为 0MHz，20MHz，30MHz，40MHz，50MHz，60MHz 时，测得的 SBS 阈值分别为 4.51mW，7.61mW，9.94mW，10.67mW，11.92mW 和 13.57mW，说明 SBS 阈值随单频调制频率增加而增加。实验中 SBS 阈值增加了 4.8dB。

实验结果表明，SBS 阈值随调制度及调制频率增大而增大，与理论仿真结果基本吻合。在实验中，单频相位调制对 SBS 阈值的进一步提升受限于信号源施加到相位调制器上的最大调制电压与调制频率。利用相位调制方法抑制 SBS，需选用较大的调制度与调制频率。

当调制频率大于自然布里渊增益线宽时，SBS 阈值由调制产生的最大边带功率决定。对于相位调制产生的相同边带数的多频激光，等幅边带光对 SBS 抑制效果更好。针对单频调制对 SBS 阈值提升有限的问题，吕志伟等人研究了多频相位调制方法对 SBS 的抑制效果。其研究结果表明，通过合理设计调制参数，当施加 n 个调制频率时可以得到 $2n+1$ 个等幅边带，可以将 SBS 抑制效率提高约 $2n+1$ 倍[18]。采用另一种多频调制方式[28]，当施加 n 个调制度为 1.435、调制频率分别为 ω_1，ω_2，$\cdots$，ω_n 的相位调制信号时，若满足条件 $\omega_k > 3\omega_{k-1}(1<k<n)$，可以产生 3^n 个近似等幅边带，SBS 阈值提升约 3^n 倍。

如图 3.19 所示，蓝线代表未调制时后向散射光功率随输入光功率的关系，SBS 阈值约为 4.35mW；绿线和红线分别代表三等幅与九等幅光梳时后向散射功率随输入光功率的关系，SBS 阈值分别为 13.28mW 与 37.1mW，SBS 抑制比分别为 3.05 与 8.53（理论值分别为 3 与 9）。图 3.20(a)显示了调制频率 181MHz、调制度 1.435 的单频相位调制产生的三等幅边带光谱，图 3.20(b)显示了施加两个频率分别为 60MHz 与 181MHz，调制度都为 1.435 的多频相位调制时产生的九等幅边带光谱。理论上讲，当施加三个多频相位调制时可以产生 27 个等幅边带，此时 SBS 阈值可以提升为约 117mW。

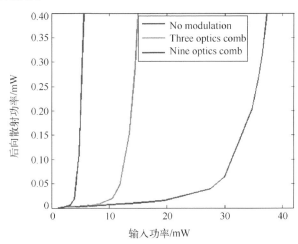

图 3.19　50km 光纤多频相位调制后向散射功率随输入功率变化

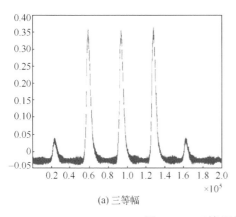
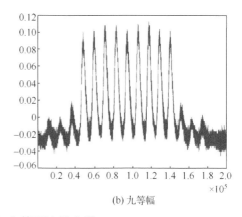

(a) 三等幅　　　　　　　　　　　　　　　(b) 九等幅

图 3.20　三等幅与九等幅边带光谱

3.3.3 光频调制抑制 SBS

1. 光频调制抑制 SBS 原理

当单频激光受到余弦光频调制时，该调频激光输出频率随时间变化，可以表示为：

$$\upsilon(t)=\upsilon_0+\Delta\upsilon\cos(\omega_{\mathrm{f}}t) \tag{3.18}$$

其中，υ_0 为未施加光频调制时激光器输出频率，$\Delta\upsilon$ 为光频调制幅度，ω_{f} 为调制信号角频率。

当调频激光输入远程光纤时，在光纤中各处激光频率不再是常数，而是随光纤位置 z 呈现如下分布：

$$\upsilon(z,t)=\upsilon_0+\Delta\upsilon\cos(\omega_{\mathrm{f}}nz/c+\omega_{\mathrm{f}}t) \tag{3.19}$$

其中，n 为纤芯折射率。图 3.21 显示了当 $\Delta\upsilon=150\,\mathrm{MHz}$，不同调制频率下 $t=0$ 时 $\upsilon(z,0)-\upsilon_0$ 随 z 的分布，可以看出激光频率在光纤中的分布与调制频率有关，当调制频率较小（2000Hz）时，在整段光纤中不存在一个完整的调制频率周期，当调制频率为 4000Hz 与 8000Hz 时，光纤中存在超过一个完整调制频率周期。图 3.22 显示了在一个调制周期内光纤中存在的激光频率范围随相位（$\omega_{\mathrm{f}}t$）变化的关系图。由于不同调制频率导致光纤中激光频率的不同分布，光纤中各处布里渊增益也出现对应的分布形式：

$$g(\upsilon,z,t)=\frac{(\Delta\upsilon_{\mathrm{B}}/2)^2}{(\upsilon-\upsilon_0-\Delta\upsilon\cos(\omega_{\mathrm{f}}nz/c+\omega_{\mathrm{f}}t)-\upsilon_{\mathrm{B}})^2+(\Delta\upsilon_{\mathrm{B}}/2)^2}g_{\mathrm{p}} \tag{3.20}$$

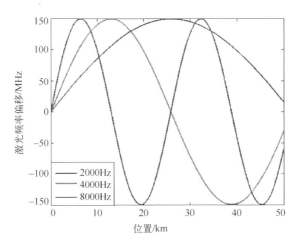

图 3.21　不同调制频率下 50km 光纤中调频激光频率分布

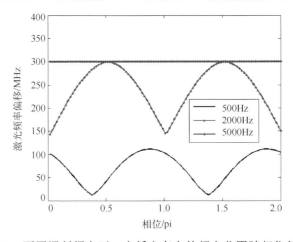

图 3.22　不同调制频率下，光纤中存在的频率范围随相位的变化

由于目前常用的半导体激光器调谐频率在 kHz 量级，调频幅度在 MHz 量级，而光纤中声子寿命大约为 10ns 量级。故考虑调频激光在光纤中的分布时，认为激光调频不影响布里渊声场的稳定建立，调频激光的布里渊增益过程可认为与稳态增益过程相似。

对于长距离光纤，当输入光功率为 $I_p(0)$ 时，频移 υ 的斯托克斯光 $I_s(\upsilon,z,t)$ 可由下式表示：

$$\frac{\mathrm{d}I_s(\upsilon,z,t)}{\mathrm{d}z} = -g(\upsilon,z)\frac{I_p(z)}{A_{\mathrm{eff}}}I_s(\upsilon,z,t) + \alpha I_s(\upsilon,z,t) \tag{3.21}$$

解这个微分方程，得到 $z=0$ 处斯托克斯光功率 $I_s(\upsilon,0)$ 的表达式为：

$$I_s(\upsilon,0,t) = I_s(\upsilon,z) \cdot \exp\left[-\alpha z + \frac{1}{A_{eff}}\int_0^z g_B(\upsilon,z,t)I_p(z)\mathrm{d}z\right] \tag{3.22}$$

忽略泵浦消耗，光纤中泵浦光功率可表示为：

$$I_p(z) = I_p(0)\exp(-\alpha z) \tag{3.23}$$

则式(3.22)可表示为：

$$I_s(\upsilon,0,t) = I_s(\upsilon,z,t) \cdot \exp\left(-\alpha z + \frac{I_p(0)}{A_{eff}}G(\upsilon,t)\right) \tag{3.24}$$

其中定义有效布里渊增益 $G(\upsilon,t)$ 为：

$$G(\upsilon,t) = \int_0^L g_B(\upsilon,z,t)\exp(-\alpha z)\mathrm{d}z \tag{3.25}$$

由于 SBS 首先在布里渊增益最大的频率处发生，所以 SBS 阈值由布里渊峰值增益 $G(\upsilon_{max},t)$ 决定。一般来讲，以平均后向散射功率作为测量 SBS 阈值的参数。考虑到 $G(\upsilon,t)$ 随时间呈现周期性变化，以一个调制周期内 $G(\upsilon,t)$ 的平均值作为有效布里渊增益。决定 SBS 阈值的平均有效布里渊增益可表示为：

$$G_{eff} = \int_0^{2\pi/\omega_m} \max\left\{\int_0^L g_B(\upsilon,z,t)\exp(-\alpha z)\mathrm{d}z\right\}\mathrm{d}t \,/\, (2\pi/\omega_m) \tag{3.26}$$

当未施加光频调制时，光纤中各处布里渊增益相同，频率 $\upsilon_0 - \Delta\nu_B$ 处布里渊增益最大为 g_p，其平均有效增益可表示为：

$$G_{eff0} = g_0 L_{eff} \tag{3.27}$$

未施加光频调制的单频激光 SBS 阈值可以表示为：

$$P_{th} = 21\frac{KA_{eff}}{G_{eff0}} \tag{3.28}$$

施加了光频调制的调频激光 SBS 阈值表示为：

$$P_{th} = 21\frac{KA_{eff}}{G_{eff}} \tag{3.29}$$

SBS 抑制比定义为施加调制与未施加调制时 SBS 阈值之比，故光频调制导致的 SBS 抑制比表示为：

$$S = \frac{G_{eff0}}{G_{eff}} \tag{3.30}$$

2．光频调制对远程光纤中 SBS 的抑制实验

光频调制抑制 SBS 实验装置如图 3.23 所示。实验中所用的可调谐半导体激光器波长为 1.55μm，线宽小于 10kHz。调频激光经隔离器(ISO)后输入 EDFA 放大，EDFA 输出经耦合器分出 1%的功率进行监测，其余部分经环形器输入 50km 单模光纤，后向散射功率由探测器(D2)探测。法布里–珀罗干涉仪(F-P)用来测量光频调制幅度。

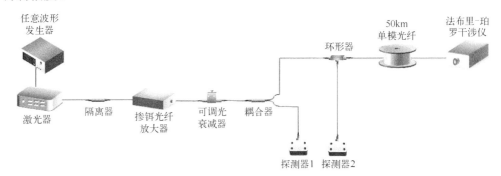

图 3.23　光频调制抑制 SBS 实验装置

图 3.24 显示了光频调制对 SBS 抑制比随光频调制幅度变化的理论与实验结果。自然布里渊增益带宽取 40MHz，光纤长度为 50km，调制频率为 10kHz。从图中可以看出，理论仿真与实验结果都表明 SBS 抑制比随光频调制幅度增大而增大。这是由于当调制幅度增大时，光纤中的有效布里渊增益带宽被展宽，布里渊峰值增益随之下降，导致 SBS 阈值增大。在应用光频调制抑制 SBS 时，应选取较大的调制幅度。实验与理论仿真结果吻合较好，说明了理论模型的正确性。

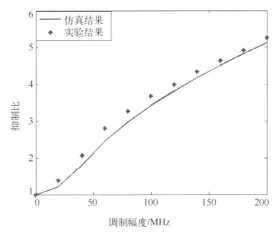

图 3.24　SBS 抑制比随光频调制幅度的变化关系(仿真与实验结果对比)

第3章 远程光纤水听器系统受激布里渊散射影响及抑制

图 3.25 显示了 50km 光纤中 SBS 抑制比随调制频率变化的理论与实验结果。仿真中光频调制幅度为 200MHz，自然布里渊增益带宽为 40MHz。仿真结果显示当调制频率小于 4kHz 时，SBS 抑制比随调制频率增大而迅速增大；当调制频率大于 4kHz 时，SBS 抑制比随调制频率增大呈现周期性振荡；当调制频率进一步增大时，抑制比趋向于稳定。实验结果与理论仿真相似，当调制频率小于 4kHz 时 SBS 抑制比增速较快，而当调制频率大于 4kHz 时增速逐渐减慢并趋向稳定。

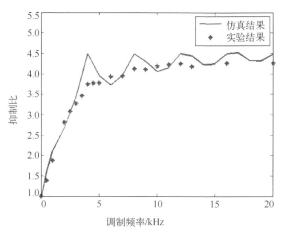

图 3.25 SBS 抑制比随调制频率的变化关系（仿真与实验结果对比）

由图 3.22 可以看出，光纤中存在的激光频率范围随时间发生周期性变化，这导致布里渊增益峰值发生相应变化。图 3.26 显示了理论仿真得到的一个光频调制周期内的有效布里渊增益，结果显示在一个光频调制周期内存在两个相等的布里

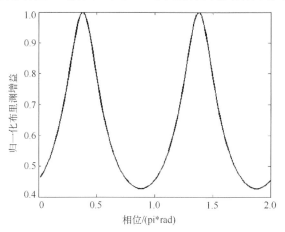

图 3.26 一个调制周期内归一化有效布里渊增益（仿真）

渊增益峰值，在实验中应该体现为在一个调制周期内后向散射光出现两个功率峰值。后向散射光功率的实验结果显示在图 3.27 中。蓝线代表的是前向传输光功率，前向传输光呈现出与调制频率相等的功率调制，这是由半导体激光器调频原理带来的附加强度调制。红线代表的是后向散射 stokes 光功率，从图中可以看出每个调制周期内存在两个功率峰值，这与理论仿真结果吻合。实验中发现两个 stokes 光功率峰值不相等，这是由附加强度调制造成的。同时，从图中可以看出后向stokes 光功率与前向传输光功率曲线之间存在相位差，这是由于光纤中光传播的时延差造成的。

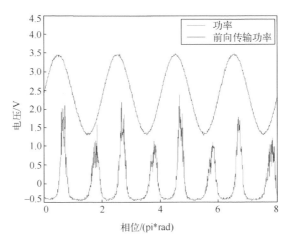

图 3.27　后向散射光功率与调频激光功率(实验)

综上所述，实验结果验证了理论模型的正确性，文中所定义的平均有效布里渊增益是计算光频调制时 SBS 阈值的有效参数。从理论仿真与实验结果可以看出，光频调制对 SBS 的抑制比随调制幅度增大而增大，随调制频率增大呈现先增大后趋于稳定的规律。在实际应用光频调制抑制 SBS 时，应该尽量选用较大的调制幅度，并根据应用选取大于 c/nL 且合适的调制频率。当调制频率大于 c/nL 时，SBS 抑制比随调制频率增大不明显，且当调制频率较大时，半导体激光器调制效率也会随之出现明显下降。

3.4　远程光纤水听器系统中受激布里渊散射的抑制

3.3 节中主要采用相位调制和光频调制方法对光纤中的 SBS 进行了抑制。对于实际的干涉型光纤水听器系统而言，相位噪声是决定系统性能的关键因素，故需要针对干涉型光纤水听器系统对 SBS 引入的相位噪声的影响和抑制技术进行具体分析。

第 3 章 远程光纤水听器系统受激布里渊散射影响及抑制

3.4.1 相位调制对光纤水听器系统引入的附加相位噪声分析

相位调制是一种简单高效的 SBS 抑制技术，由于相位噪声是决定光纤水听器系统性能的关键参数，故在研究相位调制对 SBS 抑制效果的同时，更关注其对系统相位噪声的影响。从 3.3 节的实验结果可以看出，相位调制能有效抑制光纤中的 SBS。然而，相位调制在抑制 SBS 的同时也可能引入附加的相位噪声，从而导致系统性能下降[29]。若要获得较高的 SBS 抑制比，要求选取较大的相位调制度和调制频率，然而随之带来的附加相位噪声将导致系统性能恶化。相位调制对 SBS 的抑制与附加相位噪声之间的矛盾限制了相位调制抑制 SBS 方法在光纤水听器系统中的应用。针对该附加相位噪声问题，本节从理论上分析相位调制导致光纤水听器系统相位噪声增加的原因，并提出两种方法抑制相位调制导致的附加相位噪声，从而使相位调制在抑制系统 SBS 的同时保持较低的相位噪声水平。下面先对该附加相位噪声的产生原因进行理论分析。

假设单频激光可表示为：

$$E = E_0 \cos(\omega_0 t + \varphi(t)) \tag{3.31}$$

其中，E_0 为激光电场振幅，ω_0 为光波角频率，$\varphi(t)$ 为激光相位。

当对激光施加单频余弦调制时，调制光可表示为：

$$E = E_0 \cos(\omega_0 t + A\cos(\omega_m t) + \varphi(t)) \tag{3.32}$$

其中，ω_m 为相位调制信号角频率，A 为相位调制度（$A = \pi V / V_\pi$）。将调制光输入迈克尔逊干涉仪，为实现 PGC 解调，在一臂上用 PZT 施加了 32kHz（对应下式中 $\omega_1 = 2\pi \times 32\text{kHz}$）相位调制，因此干涉仪两臂输出光可表示为：

$$
\begin{aligned}
E_1 &= E_{01}\cos(\omega_0 t + A\cos(\omega_m t) + \varphi(t)) \\
E_2 &= E_{01}\cos(\omega_0(t + \Delta t) + A\cos(\omega_m(t + \Delta t)) + B\cos(\omega_1(t + \Delta t)) + \varphi(t + \Delta t))
\end{aligned} \tag{3.33}
$$

其中，$\Delta t = \Delta L / c$，ΔL 为干涉仪两臂光程差，则归一化干涉光场信号可表示为：

$$
\begin{aligned}
E_{\text{out}} = \cos\Big\{ &\omega_0 \Delta t / 2 + \frac{A\cos[\omega_m(t + \Delta t)] - A\cos[\omega_m(t)]}{2} \\
&+ \frac{B\cos[\omega_1(t + \Delta t)]}{2} + \frac{\varphi(t + \Delta t) - \varphi(t)}{2} \Big\}
\end{aligned} \tag{3.34}
$$

即：

$$E_{\text{out}} = \cos\left[\omega_0 \Delta t / 2 + A\sin\left(\frac{\omega_m \Delta t}{2}\right)\sin\left(\frac{2\omega_m t + \omega_m \Delta t}{2}\right) \right.$$

$$\left. + \frac{B\cos(\omega_1(t+\Delta t))}{2} + \frac{\varphi(t+\Delta t)-\varphi(t)}{2}\right] \tag{3.35}$$

当光信号被探测器探测后，光信号转换为电信号，电信号与光功率成正比，则电信号可表示为：

$$
\begin{aligned}
I &= \sigma E_{\text{out}}{}^2 \\
&= \sigma\left(\cos\left(\omega_0\Delta t + 2A\sin\left(\frac{\omega_m\Delta t}{2}\right)\sin\left(\frac{2\omega_m t + \omega_m\Delta t}{2}\right)\right.\right. \\
&\quad \left.\left. + B\cos[\omega_1(t+\Delta t)] + \varphi(t+\Delta t) - \varphi(t)\right) - 1\right)/2
\end{aligned}
\tag{3.36}
$$

忽略式(3.36)中的直流项，令 $C = 2A\sin(\omega_m\Delta t / 2)$，上式可由贝塞尔函数展开：

$$
\begin{aligned}
I &= \sigma\left[J_0(C) + 2\sum_{n=1}^{\infty}J_{2n}(C)\cos(n(\omega_m t + \omega_m\Delta t))\right]\cos[B\cos(\omega_1(t+\Delta t)) \\
&\quad + \varphi(t+\Delta t) - \varphi(t))] - 2\sum_{n=0}^{\infty}J_{2n+1}(C)\sin\left[(2n+1)\left(\frac{(\omega_m t + \omega_m\Delta t)}{2}\right)\right] \\
&\quad \sin(B\cos(\omega_1(t+\Delta t)) + \varphi(t+\Delta t) - \varphi(t)))
\end{aligned}
\tag{3.37}
$$

由式(3.37)可知，该电信号由 $\omega_m / 2$（百 MHz 量级）及其多次谐波项构成。在实际的光纤水听器系统中常采用探测带宽为几十 MHz 的探测器（实验中采用连续光，所用探测器带宽均小于 400kHz），探测器自动滤掉了除 ω_m 的零倍频项以外的所有高阶信号。所以，探测器输出的电信号可表示为：

$$I = \sigma J_0(C)\cos[B\cos(\omega_1(t+\Delta t)) + \varphi(t+\Delta t) - \varphi(t)] \tag{3.38}$$

系统相位噪声包含在 $[\varphi(t+\Delta t) - \varphi(t)]$ 项中。可以看出，相位调制对该相位噪声项并未造成影响，说明相位调制没有直接给系统带来相位噪声。而值得注意的是，在式(3.38)中，$\sigma J_0(C)$ 代表探测信号幅度，其中 $C = 2A\sin(\omega_m\Delta t / 2)$。当干涉仪光程差一定时，信号幅度会随调制度 A 与调制频率 ω_m 相应发生变化。信号幅度减小会导致信噪比降低，导致系统相位噪声增加，这是相位调制导致系统相位噪声增加的根本原因。在光纤水听器系统中，相位噪声与信噪比的转化关系为[30]：

$$\langle\delta\varphi^2\rangle = 1/(2Q) \tag{3.39}$$

其中，$\langle\delta\varphi^2\rangle$ 表示相位噪声，Q 为探测信号信噪比，相位噪声与探测信号信噪比成反比。由于系统中探测噪声基本一致，故信噪比与信号幅度大致成正比关系，所以用信号幅度衡量信噪比对系统相位噪声的影响。当信号幅度减小时，系统信噪比减小，导致相位噪声增大。为验证式(3.39)，测量了系统相位噪声与探测器输入信号幅度之间的关系。通过改变探测器输入功率控制探测信号幅度，系统相位噪声与归一化信号幅度(定义为信号幅度与探测器饱和信号幅度比值)的关系显示在图 3.28 中。可以看出，相位噪声随归一化信号幅度近似成反比关系。当归一化信号幅度大于 0.3 时，相位噪声基本保持为常数，当归一化信号幅度小于 0.1 时，相位噪声随信号幅度减小而急剧增大，图 3.28 证明了式(3.39)的正确性。由于光纤水听器系统中归一化信号幅度与相位调制度和调制频率有关，当相位调制使系统归一化信号幅度减小至某一值时，可能会导致系统相位噪声急剧增大。

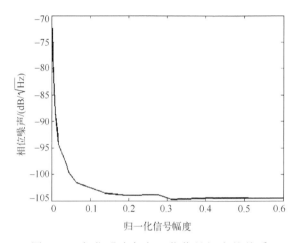

图 3.28 相位噪声与归一化信号幅度的关系

以上分析表明，相位调制引入附加相位噪声源于系统信噪比的下降。由于探测器滤除掉相位调制信号除零频项以外的所有高频项，其零频项代表了系统探测信号，决定了系统信噪比。故抑制该附加相位噪声的关键在于选取相位调制参数，使调制信号零频项信号幅度(信噪比)足够大。

在上述基础上提出抑制相位噪声的两种方法：一是在传输光纤输出端添加一个相位调制器将输入端相位调制产生的多频光还原为单频光，此时探测信号幅度与未进行相位调制时一致，从而避免了该附加相位噪声，称之为光相位调制与解调方法。二是通过相位调制频率与干涉仪光程差之间的匹配，当 $\omega_m \Delta t = 2k\pi$ (k 为正整数)时，$J_0(C)=1$，信号幅度 $\sigma J_0(C)$ 取极大值，从而有效抑制相位调制引入的相位噪声，称之为参数匹配干涉方法。

3.4.2 光相位调制与解调对光纤水听器系统 SBS 及相位噪声的抑制

相位调制是抑制 SBS 的有效方法。通过在传输光纤输入端对光施加单频相位调制，可以将单频激光转换为频率间隔等于调制频率的多频激光，相当于将单频激光的能量分配到各个边带上，从而降低各个边带的功率，进而降低有效布里渊峰值增益。当调制频率大于自然布里渊增益线宽时，SBS 阈值由功率最大的边带决定，该方法可以有效提升 SBS 阈值。但是在光纤水听器系统中相位调制给系统引入了额外的相位噪声，这限制了相位调制方法抑制 SBS 在光纤水听器系统中的应用。如果在传输光纤输出端施加一个与输入端相位调制反向的相位调制信号，可以将多频激光还原为单频激光，从而避免了各个边带之间的拍频对探测信号的影响，可以有效避免相位调制引入额外的相位噪声。

若对单频激光施加的相位调制信号为 $\varphi_m(t)$，则产生的调制光表达式为：

$$E = E_0 \cos(\omega_0 t + \varphi_m(t) + \varphi_0) \tag{3.40}$$

式 (3.40) 表示调制光光谱结构与 $\varphi_m(t)$ 有关。在光纤末端施加反向的相位调制信号 $-\varphi_m(t)$，则输出激光表达式为：

$$\begin{aligned} E &= E_0 \cos[\omega_0 t + \varphi_m(t) + \varphi_0 - \varphi_m(t)] \\ &= E_0 \cos(\omega_0 t + \varphi_0) \end{aligned} \tag{3.41}$$

由以上分析可知，$\varphi_m(t)$ 可以为任意相位调制函数，只要光纤输入端与输出端相位调制信号反向就可以实现单频光的恢复。为了便于讨论，仅以单频相位调制为例对整个调制过程进行说明。当对单频激光施加单频相位调制时，产生的多频激光可以表示为式 (3.13)，当在传输光纤末端施加另一个相位调制信号时，产生的调制激光可以表示为：

$$E = E_0 \cos[\omega_0 t + A\cos(\omega_m t) + \varphi_0 + B\cos(\omega_{m2} t + \Delta\phi)] \tag{3.42}$$

其中，B、ω_{m2} 分别为第二个相位调制度与调制频率，$\Delta\phi$ 为两个调制信号之间的相位差。当两个调制信号调制频率相等、调制度相等、相位差为 π 的奇数倍时，二次调制后的激光即还原为单频光：

$$E = E_0 \cos(\omega_0 t + \varphi_0) \tag{3.43}$$

经过上述操作，单频光被相位调制产生多频光进入光纤中传输，在光纤末端又被第二个相位调制还原为单频光，可称整个过程为光相位调制解调过程，第一个相位调制为光相位调制过程，第二个相位调制为光解调过程。图 3.29 与图 3.30 表示了相位调制解调过程中光谱的变化，图 3.29 表示相位调制频率为 100MHz、调制度 1.435 时光谱理论仿真结果，图 3.30 表示同样调制参数对应的 F-P 腔扫描光谱的实验结果。可以看出，相位调制可以有效地将单频激光转换为多频激光，而光解调过程可以将产生的多频激光恢复成单频激光。因此，光纤中传输的是相位调制产生的多频激光，可以有效抑制 SBS，而进入迈克尔逊干涉仪中的则是光解调后产生的单频激光，避免了多边带之间的拍频效应，可有效抑制相位调制产生的附加相位噪声。

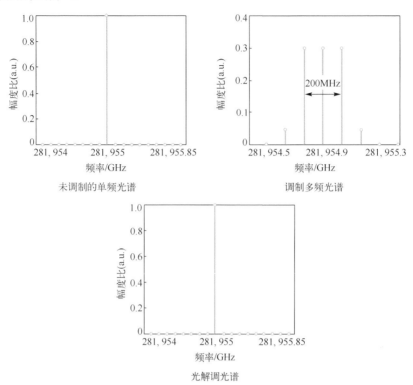

图 3.29 光调制解调过程光谱对比(仿真)

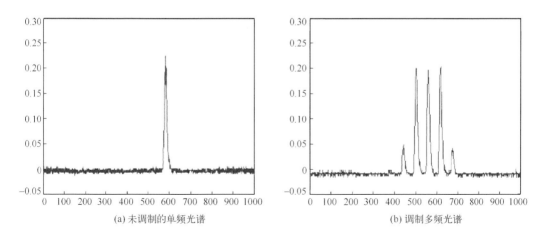

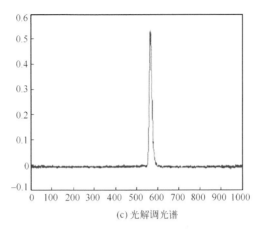

(c) 光解调光谱

图 3.30　光调制解调过程光谱对比(实验)

　　光相位调制与解调抑制光纤水听器系统相位噪声的实验装置如图 3.31 所示。系统采用的光源为单频窄线宽半导体激光器，波长 1550nm，线宽小于 10kHz。单频激光经隔离器(ISO)后由相位调制器(PM1)调制产生多频激光，多频激光经掺铒光纤放大器(EDFA)放大后用可调衰减器(VOA1)控制 50km 光纤(SMF)的输入功率。在光纤输出端由相位调制器(PM2)实现多频光的解调，解调后的光输入迈克尔逊干涉仪，实验中所用的迈克尔逊干涉仪两臂光程差为 1m，一臂上绕有压电陶瓷晶体(PZT)以产生 PGC 载波信号，法拉第旋镜(FRM)抑制偏振衰落，干涉仪置于屏蔽盒中以抑制环境噪声的干扰。干涉仪输出由探测器(D)探测并经数字采集卡(A/D)将模拟信号转化为数字信号，经计算机用 PGC 解调程序解调得到系统相位噪声。可调衰减器(VOA2)保持每次进入探测器的功率一致，避免光功率不同对相位噪声的影响。任意波形发生器(AWG)用于产生调制信号。

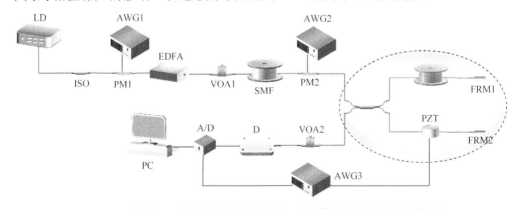

图 3.31　光相位调制与解调抑制光纤水听器系统相位噪声实验装置

　　实验中对比了不同输入功率条件下未调制、一次相位调制、光相位调制与解调情况下相位噪声情况。由于在光纤水听器系统中常探测低频信号,故关注低频相位噪声,实验中测量 0～5kHz 平均相位噪声作为系统相位噪声水平的度量值。

图 3.32 显示了施加一次相位调制时不同调制度下系统 0～5kHz 平均相位噪声随输入功率的变化。结果显示当不对输入光进行相位调制时(即调制度为零时),系统相位噪声随输入光功率增大而迅速增大,会导致系统检测灵敏度严重下降。对输入光施加一次相位调制,输入功率为 2.75mW 时,此时输入功率低于 SBS 阈值(约 4.83mW),SBS 不是系统的主要噪声来源,系统相位噪声小于–105dB。随着调制度的增加,相位噪声逐渐增加,该相位噪声是由于相位调制造成的。当输入功率大于 SBS 阈值时,相位噪声先是随调制度增大而减小,然后随调制度增大而增大,文献中将相位噪声最小时对应的调制度称为最佳调制点[29]。出现这种现象的原因是:当调制度较小时,相位调制对 SBS 的抑制作用起主要作用,相位调制抑制了 SBS 导致的非线性相位噪声,故系统相位噪声迅速下降,当调制度大于最佳调制点时,此时 SBS 导致的相位噪声已被有效抑制,不是系统噪声的主要来源,相位调制导致的相位噪声逐渐显现并随调制度的增加而明显增加。从图中还可以看出,当输入功率为 9.75mW 时,最佳调制点对应的相位噪声为–103dB/$\sqrt{\text{Hz}}$,明显高于输入功率更低的情况,这是由于输入功率越大,抑制 SBS 所需的调制度增大,相位调制引入的附加相位噪声也增加,导致一次相位调制无法有效抑制系统相位噪声。

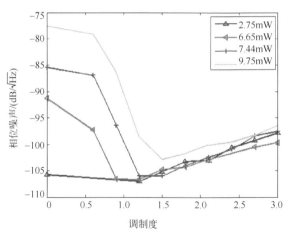

图 3.32　一次相位调制不同输入功率下 0 到 5kHz 平均相位噪声随调制度变化图

图 3.33 显示了对输入光施加相位调制与解调时不同输入功率下相位噪声与调制度的变化关系。从图中可以看出,当调制度小于最佳调制度时,相位噪声变化

趋势与施加一次相位调制类似，系统相位噪声随调制度增加而迅速减小；当调制度大于最佳调制点时，系统相位噪声不再随着调制度的增加而增加，而是保持着与输入功率 2.75mW 时相位噪声相当的水平。当输入功率为 9.75mW 时，最低相位噪声约为−109dB/$\sqrt{\text{Hz}}$，低于一次相位调制时最佳调制点对应的相位噪声水平，说明光相位调制与解调可以有效抑制 SBS 且不引入附加相位噪声，系统的最大输入功率仅仅受限于 SBS 阈值。可以通过提高相位调制度以提高 SBS 阈值，从而有效提升系统输入功率，达到增加系统最大传输距离的目的。

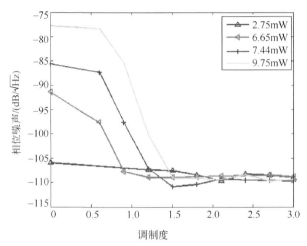

图 3.33　光解调时不同输入功率下 0 到 5kHz 平均相位噪声随调制度变化图

图 3.34 显示了一次相位调制时不同输入功率下相位噪声随调制频率变化情况。从图中可以看出，当输入功率为 2.7mW 时，系统相位噪声随着相位调制频率

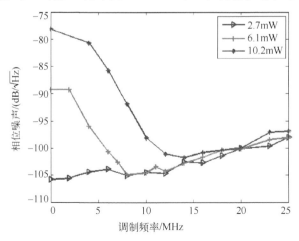

图 3.34　一次相位调制不同输入功率下 0 到 5kHz 平均相位噪声随调制频率变化

逐渐增加；当输入功率大于 SBS 阈值，系统相位噪声随调制频率增加呈现先减小后增加的趋势。称相位噪声最小时对应的调制频率为最佳调制频率。当调制频率较小时，随着调制频率增加，相位调制产生的多频激光不同边带的布里渊增益谱重合度下降，SBS 阈值增加，故系统相位噪声迅速减小。当调制频率大于最佳调制频率，SBS 导致的相位噪声已被充分抑制，不再是系统相位噪声的主要来源，而相位调制导致的相位噪声逐渐显现且随调制频率增加而增加。当输入功率为 10.2mW 时，最佳调制频率对应的相位噪声约为 $-101\mathrm{dB}/\sqrt{\mathrm{Hz}}$，大于输入功率为 2.7mW 时的相位噪声，说明一次相位调制在抑制 SBS 的同时引入了附加相位噪声，导致系统相位噪声的增加。

图 3.35 显示了光解调时不同输入功率下 0～5kHz 平均相位噪声随调制频率变化情况。当调制频率小于最佳调制频率时，相位噪声的变化情况与图 3.33 类似，相位噪声随调制频率增加而迅速减小，而当调制频率大于最佳调制频率时，相位噪声不再随调制频率出现明显增加。当输入功率为 10.2mW 时，系统相位噪声约为 $-105\mathrm{dB}/\sqrt{\mathrm{Hz}}$，小于一次相位调制时系统最小相位噪声，这说明光相位调制与解调在有效抑制 SBS 的同时并没有引入明显的相位噪声。

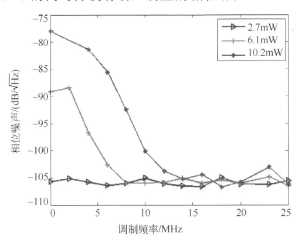

图 3.35　光解调时不同输入功率下 0 到 5kHz 平均相位噪声随调制度变化

图 3.36 显示了当输入功率为 10.2mW、调制度为 3、调制频率为 25MHz 时，未调制、一次相位调制及光解调时系统相位噪声谱的对比，对应的平均相位噪声分别为 -91.4、-99.7、$-108.8\mathrm{dB}/\sqrt{\mathrm{Hz}}$。结果表明一次相位调制可以有效抑制系统相位噪声，而光解调可以更为有效地抑制系统相位噪声，这是由于光解调同时抑制了相位调制引入的附加相位噪声的缘故。

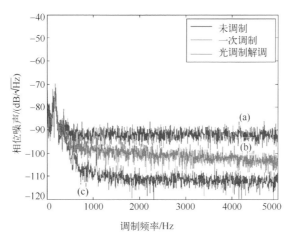

图 3.36　未调制、一次相位调制及光解调时系统相位噪声水平对比

3.4.3　参数匹配干涉对光纤水听器系统 SBS 及相位噪声的抑制

相位调制之所以会给光纤水听器系统带来附加相位噪声，其原因在于相位调制产生的多频激光边带拍频导致零频分量幅度下降，故抑制该附加相位噪声的关键在于恰当地选择调制参数增大零频信号幅度。当满足匹配条件 $\omega_m \Delta t = 2k\pi$ 时，信号幅度达最大值，可以有效避免该附加相位噪声，称这种方法为参数匹配干涉技术。

参数匹配干涉抑制光纤水听器系统 SBS 及相位噪声实验装置如图 3.37 所示。系统采用的光源为单频窄线宽半导体激光器，波长 1550nm，线宽小于 10kHz。单频激光由相位调制器(PM1)调制产生多频激光，多频激光经掺铒光纤放大器(EDFA)放大后用可调衰减器(VOA1)控制 50km 光纤(SMF)的输入功率。隔离器

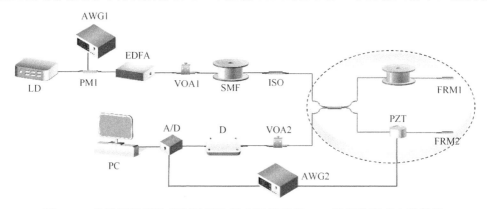

图 3.37　参数匹配干涉抑制远程光纤水听器系统 SBS 及相位噪声实验装置

第3章 远程光纤水听器系统受激布里渊散射影响及抑制

(ISO)用来抑制瑞利散射，光经隔离器后输入 Michelson 干涉仪(光程差 5m)，干涉仪一臂上绕有压电陶瓷晶体(PZT)以产生 PGC 载波信号，法拉第旋镜(FRM)抑制偏振漂移，干涉仪置于屏蔽盒中以抑制环境噪声的干扰。干涉仪输出由探测器(D)探测并经数字采集卡将模拟信号转化为数字信号，经计算机用 PGC 解调程序解调得到系统相位噪声。为消除输入光功率对相位噪声测量的影响，可调衰减器(VOA2)保持每次进入探测器的功率一致。任意波形发生器(AWG1/2)产生实验中所需的调制信号。

由 3.3 节的分析得到，相位调制对光纤水听器系统带来的附加噪声的来源是多频光边带之间的拍频导致探测信号幅度减小，探测信号幅度与 $J_0(C)$ (其中 $C = 2A\sin(\omega_m \Delta t / 2)$)成正比。图 3.38 显示了 $J_0(C)$ 随 C 的变化，可以看出，当施加单频相位调制时，C 随调制频率变化在 $0 \sim 2A$ 之间取值，导致信号幅度发生相应变化。当满足匹配条件 $\omega_m \Delta t = 2k\pi$ 时 $C = 0$，$J_0(C) = 1$，信号幅度达到最大，附加的相位噪声达最小值，当 $J_0(2A\sin(\omega_m \Delta t / 2)) = 0$ 时相位噪声达最大值，该值与调制度和调制频率有关。图 3.39～图 3.41 给出了不同调制度时归一化信号幅度与调制频率的关系。可以看出，当满足匹配条件 $\omega_m \Delta t = 2k\pi$ 时信号幅度都达到最大值，此时系统相位噪声对应最小值，不同调制度时信号幅度随调制频率的变化关系不同。由于相位噪声与信号幅度之间存在图 3.28 的关系，在实际应用中，应谨慎选择相位调制参数使信号幅度取足够大的值。

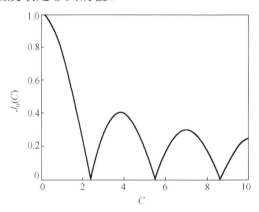

图 3.38 $J_0(C)$ 随 C 变化图

为了进一步验证相位调制产生附加相位噪声的原因，测量了调制频率 0～120MHz 之间信号幅度、相位噪声与调制频率之间的关系。图 3.42 表示了当干涉仪光程差 5m、调制度为 1.5 时信号幅度与调制频率关系的结果(实线为理论仿真值，黑点为实验值)，可以看出理论信号幅度随调制频率呈现 60MHz 的周期性变化。在 0～120MHz 周期内，理论上信号幅度极大值出现在调制频率 0MHz, 60MHz,

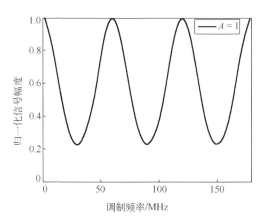

图 3.39　$A=1$ 时归一化信号幅度随调制频率变化仿真

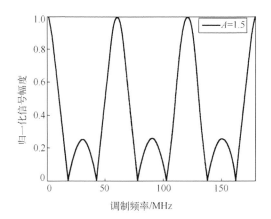

图 3.40　$A=1.5$ 时归一化信号幅度随调制频率变化仿真

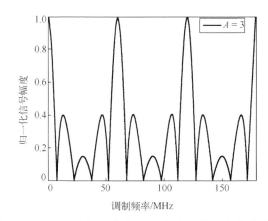

图 3.41　$A=3$ 时归一化信号幅度随调制频率变化仿真

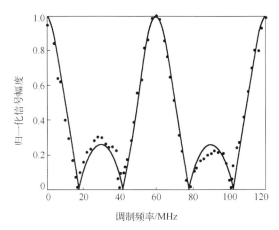

图 3.42　探测信号幅度与调制频率之间的关系

120MHz 处，此时对应的探测信号信噪比最大，系统相位噪声最小；信号幅度最小值出现在 $2A\sin(\omega_m \Delta t / 2) = 2.405$ 处，此时调制频率为 17.8MHz，42.2MHz，77.8MHz，102.2MHz，此时对应的探测信号信噪比最小，系统相位噪声最大。理论上还出现了两个信号幅度的次极大值，对应调制频率分别为 30MHz，90MHz。黑点表示实验中测量得到的归一化信号幅度随调制频率的变化。图中显示在实验中，信号幅度也随调制频率呈现 60MHz 的周期性变化，信号幅度极大值出现在0MHz，60MHz，120MHz 处；信号幅度极小值出现在 17MHz，40MHz，79MHz，100MHz 处。实验中也出现了两个信号幅度次极大值，对应调制频率分别为28MHz，92MHz。上述理论和实验结果吻合得很好。

图 3.43 表示实验中测得的相位噪声与调制频率的关系，0～120MHz 之间相位噪声出现了四次极大值，对应调制频率分别为 17MHz，40MHz，79MHz，100MHz，出现的相位噪声极小值对应调制频率分别为 0MHz，30MHz，60MHz，90MHz，120MHz。相位噪声极大值与探测信号幅度极小值基本对应，相位噪声极小值则对应信号幅度的极大值与次极大值。为了验证相位噪声与信号幅度之间的关系，将图 3.42 与图 3.43 中信号幅度与相位噪声数据综合，在图 3.44 中画出相位噪声与对应信号幅度之间的关系(图 3.44 中红色数据点)，并与图 3.28 测量结果(图 3.44中实线)对比。可以看出相位噪声随信号幅度的变化趋势与图 3.28 类似，只是相同的信号幅度对应的相位噪声更高。这是因为实线中噪声主要来自于探测器电路噪声，而实验中不仅包括探测器电路噪声，传输光的强度噪声也较大。

从以上分析可知，相位调制对远程光纤水听器系统带来的附加相位噪声是由于探测信号幅度降低导致信噪比下降造成的。当满足匹配条件 $\omega_m \Delta t = 2k\pi$ 时，探测信号幅度达到极大值，此时相位调制带来的附加相位噪声被有效抑制，相位调制可有效抑制系统中 SBS 而不引入附加相位噪声。该匹配条件并不是必须精确满足的条件。由于相位噪声随信号幅度不是一直下降，而是低于某值时才迅速增大，大于某值时基本不变，故应根据实际系统中探测器及电路噪声情况而定，保证 $J_0(2A\sin(\omega_m\Delta t/2))$ 取一个较大值，使系统相位噪声控制在合理范围内即可。

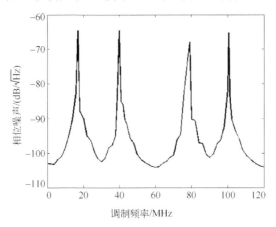

图 3.43　相位噪声与调制频率变化关系图

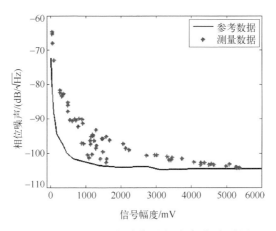

图 3.44　相位噪声随信号幅度变化关系图

　　图 3.45 显示了施加单频相位调制时，调制频率为 60MHz、不同调制度下系统相位噪声随输入功率的变化曲线。从图中可以看出，远程干涉系统中相位噪声有明显的阈值特性，当输入功率小于某一特定值时，系统相位噪声基本为常数，当输入功率大于某一特定值时，相位噪声急剧增大。这个特定值约等于 SBS 阈值，这也是系统输入功率之所以必须限制在 SBS 阈值以下的原因。如图 3.45 所示，相位调制可以有效提升 SBS 阈值，且 SBS 抑制比随调制度提高而增大，这与之前的结果吻合。当输入功率为 20mW 时，系统相位噪声仍然保持在

$-100\mathrm{dB}/\sqrt{\mathrm{Hz}}$ 以下。可以预见的是，当相位调制度增大时，系统最大可用输入功率可以继续增大。

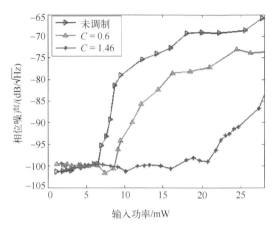

图 3.45 不同相位调制度时相位噪声随输入功率变化曲线

前面从理论上分析了相位调制技术对远程光纤水听器系统相位噪声的影响，提出了两种基于相位调制的 SBS 及其相位噪声抑制方法：光相位调制解调技术及参数匹配干涉技术。相位调制解调技术通过相位调制器在传输光纤输入端与输出端分别施加一个等幅反向的相位调制信号，输入端的相位调制器将单频光展宽为多频光以抑制 SBS，输出端相位调制将多频光恢复为单频光，避免了相位调制多频光干涉产生的附加相位噪声。参数匹配干涉技术通过合理设计相位调制频率与光程差，当满足匹配条件 $\omega_{\mathrm{m}}\Delta t = 2k\pi$ 时，相位调制可以有效抑制 SBS 而不引入附加相位噪声。这两种方法都可以有效抑制远程光纤水听器系统中的 SBS 并且使系统保持很低的相位噪声水平。

3.4.4 光频调制对远程光纤水听器系统 SBS 及相位噪声的抑制

在基于 PGC 技术的光纤水听器系统中，光频调制被广泛应用于产生 PGC 调制载波。同时，光频调制还可以有效抑制系统中的 SBS 从而提升系统最大输入功率，起到延长系统传输距离的作用。在光纤水听器系统中相位噪声是一个关键参数，故有必要考虑光频调制对系统相位噪声的影响。

调频激光表达式可表示为：

$$E = E_0 \cos(\omega_0 t + \Delta\upsilon/\upsilon_{\mathrm{m}} \cos(\omega_{\mathrm{m}}t)) \tag{3.44}$$

其中 $\upsilon_{\mathrm{m}} = \omega_{\mathrm{m}}/2\pi$，经干涉仪后输出信号为：

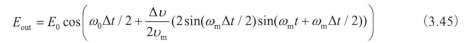

$$E_{out} = E_0 \cos\left(\omega_0 \Delta t / 2 + \frac{\Delta\upsilon}{2\upsilon_m} (2\sin(\omega_m \Delta t / 2)\sin(\omega_m t + \omega_m \Delta t / 2)) \right) \tag{3.45}$$

$$I_{out} = E_0^2 \cos\left[\omega_0 \Delta t + \frac{2\Delta\upsilon}{\upsilon_m} \sin(\omega_m \Delta t / 2)\sin(\omega_m t + \omega_m \Delta t / 2) \right] \tag{3.46}$$

在基于 PGC 技术的光纤水听器系统中,光频调制产生的调制度 C 值可表示为下式:

$$C = 2\Delta\upsilon \sin(\omega_m \Delta t / 2) / \upsilon_m \tag{3.47}$$

由于系统中所用的干涉仪光程差一般都在米量级, $\omega_m \Delta t / 2 \ll 1$,调制度可以表示为:

$$C = 2\pi\Delta\upsilon \Delta t \tag{3.48}$$

ω_m 为调制载波角频率,决定了系统的探测带宽, ω_m 越大,系统探测带宽越大。 $\Delta\upsilon$ 的最大值是由半导体激光器的调制性能所决定的。由上文的分析可知, $\Delta\upsilon$ 越大,光频调制对 SBS 抑制比越大。 $\Delta t = L / c$ 由干涉仪光程差决定,激光器相位噪声随干涉仪光程差增大而增大。故在实际应用中应尽量增大 $\Delta\upsilon$,减小干涉仪两臂光程差,以获得较高的 SBS 抑制比与较低的系统相位噪声。对于基于微分交叉相乘的 PGC 解调技术,载波调制度最佳值为 2.37,不同光程差与对应的光频调制幅度之间的关系如图 3.46 所示。当干涉仪光程差为 1m 时,光频调制幅度 $\Delta\upsilon$ 约为 113MHz。

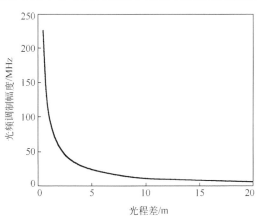

图 3.46　光频调制幅度与光程差的关系

实验比较了采用 PZT 外调制与激光器光频内调制两种方式施加 PGC 调制载波情况下系统相位噪声与输入功率的关系,实验结果显示在图 3.47 中。从图中可以看出,相比于 PZT 外调制方法,激光光频内调制有效抑制了系统中的 SBS 及其相位噪声,有效提升了系统的最大输入功率。

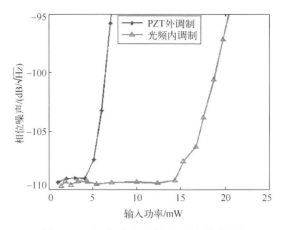

图 3.47 相位噪声与输入功率的关系

综上所述，光频调制不仅可以方便地施加 PGC 调制载波，而且可以有效抑制远程光纤水听器系统 SBS 及其相位噪声。在实际应用中，增大光频调制幅度，减小干涉仪光程差，可以有效抑制 SBS 并降低系统相位噪声。

参 考 文 献

[1] 陈伟, 孟洲, 周会娟, 等. 远程干涉型光纤传感系统的非线性相位噪声分析[J]. 物理学报, 2012, 61(18): 184210.

[2] Agrawal G P. Nonlinear Fiber Optics[M]. Beijing: Publishing House of Electronics Industry, 2002.

[3] Aoki Y, Tajima K, Mito I. Input power limits of single-mode optical fibers due to stimulated Brillouin scattering in optical communication systems[J]. Journal of Lightwave Technology, 1988, 6(5): 710-719.

[4] 张林涛, 叶培大. 单模光纤中受激布里渊散射的瞬态解及调制的影响[J]. 通信学报, 1998, 9(4): 18-22.

[5] Mao X P, Tkach R W, Chraplyvy A R, et al. Stimulated Brillouin threshold dependence on fiber type and uniformity[J]. IEEE Photonics Technology Letters, 1992, 4(1): 66-69.

[6] Oliveira C A S, Jen C K, Shang A, et al. Stimulated Brillouin scattering in cascaded fibers of different Brillouin frequency shifts[J]. Journal of the Optical Society of America B, 1993, 10(6): 969-972.

[7] Yoshizawa N, Imai T. Stimulated Brillouin scattering suppression by means of applying strain distribution to fiber with cabling[J]. Journal of Lightwave Technology, 1993, 11(10):

1518.

[8] Shiraki K, Ohashi M, Tateda M. SBS threshold of a fiber with a Brillouin frequency shift distribution[J]. Journal of Lightwave Technology, 1996, 14(1): 50-57.

[9] 康宁股份有限公司. 抑制在光纤中的受激布里渊散射: CN98807291.2[P]. 2000.

[10] Dragic P D, Liu C H, Papen G C, et al. Optical fiber with an acoustic guiding layer for stimulated Brillouin scattering suppression[C]. Conference on Lasers and Electro-Optics, 2005, 3: 1984-1986.

[11] Liu A. Suppressing stimulated Brillouin scattering in fiber amplifiers using nonuniform fiber and temperature gradient[J]. Optics Express, 2007, 15(3): 977-984.

[12] 吴武明, 冷进勇, 许晓军. 一种用于窄带光纤拉曼放大器的受激布里渊散射抑制方法[P]. 国防科技大学, 2010.

[13] Aurora Networks, INC. Compasation of distribtution from SBS/IIN suppression modulation: WO2011159332[P]. 2011.

[14] Ma L, Tsujikawa K, Hanzawa N, et al. SBS suppression fiber with nonuniform Brillouin frequency shift distribution realized by controlling its fictive temperature[C]//2013 18th OptoElectronics and Communications Conference Held Jointly with 2013 International Conference on Photonics in Switching (OECC/PS), IEEE, 2013: 1-2.

[15] Lichtman E, Waarts R G, Friesem A A. Stimulated Brillouin scattering excited by a modulated pump wave in single-mode fibers[J]. Journal of Lightwave Technology, 1989, 7(1): 171-174.

[16] 李伟, 濮宏图, 吴健. 光相位调制器及信号分析[J]. 电子科技大学学报, 1998, 27(增刊): 131-136.

[17] 杨建良, 郭照南, 查开德. 调相法抑制光纤 CATV 中受激布里渊散射的实验研究[J]. Chinese Optics Letters, 2001, 28(5): 439-442.

[18] Liu Y F, Lu Z W, Dong Y K, et al. Research on stimulated Brillouin scattering suppression based on multi-frequency phase modulation[J]. Chinese Optics Letters, 2009, 7(1): 29-31.

[19] Mauro J C, Raghavan S, Ruffin A B. Enhanced stimulated Brillouin scattering threshold through phase control of multitone phase modulation[J]. Optical Engineering, 2010, 49(10): 100501.

[20] 陈伟, 孟洲. 相位调制对光纤受激布里渊散射阈值的影响[J]. 中国激光, 2011, 38(3): 145-148.

[21] Du W, Zhou P, Ma Y, et al. Experimental study of SBS suppression with phase-modulation in all-fiber amplifier[C]. International Symposium on Photoelectronic Detection and Imaging SPIE, 2011, 8192: 355-360.

[22] Zeringue C, Dajani I, Naderi S, et al. A theoretical study of transient stimulated Brillouin scattering in optical fibers seeded with phase-modulated light[J]. Optics Express, 2012, 20(19): 21196-21213.

[23] Hirose A, Takushima Y, Okoshi T. Suppression of stimulated Brillouin scattering and Brillouin crosstalk by frequency-sweeping spread-spectrum scheme[J]. Journal of Optical Communications, 1991, 12(3): 82-85.

[24] Eskildsen L, Hansen P B, Koren U, et al. Stimulated Brillouin scattering suppression with low residual AM using a novel temperature wavelength-dithered DFB laser diode[J]. Electronics Letters, 1996, 32(15): 1387-1389.

[25] Mitchell P, Janssen A, Luo J K. High performance laser linewidth broadening for stimulated Brillouin suppression with zero parasitic amplitude modulation[J]. Journal of Applied Physics, 2009, 105: 093104.

[26] Chen W, Meng Z. Effects of modulation amplitude and frequency of frequency-modulated fiber lasers on the threshold of the stimulated Brillouin scattering in optical fiber[J]. Chinese Optics Letters, 2010, 8(12): 1124-1126.

[27] Mungan C E, Rogers S D, Satyan N, et al. Time-dependent modeling of Brillouin scattering in optical fibers excited by a chirped diode laser[J]. IEEE Journal of Quantum Electronics, 2012, 48(12): 1542-1546.

[28] AT&T IPM Corp. Multifrequency lightwave source using phase modulation for suppressing stimulated Brillouin scattering in optical fibers: US5566381[P]. 1995.

[29] Chen W, Meng Z. Effects of phase modulation used for SBS suppression on phase noise in an optical fibre[J]. Journal of Physics B: Atomic, Molecular and Optical Physics, 2011, 44(16): 165402.

[30] Gordon J P, Mollenauer L F. Phase noise in photonic communications systems using linear amplifiers[J]. Optics Letters, 1990, 15(23): 1351-1353.

第 4 章

远程光纤水听器系统调制不稳定性影响及抑制

光纤中的调制不稳定性(MI)是色散效应和非线性效应共同作用的结果[1]，是另一种对远程光纤水听器系统具有重要影响的光纤非线性效应。远程光纤光听器系统中常用光源处于 1550nm 附近波段，其位于光纤反常色散区，在该区域当输入功率超过 MI 阈值后，MI 显著发生。在远程光纤水听器系统中，为实现大规模传感一般要用到时分复用技术即采用脉冲传输，故在传输平均功率较低的情况下其峰值功率有可能超过 MI 阈值导致 MI 的发生。MI 发生后会产生两个明显的频谱旁瓣，不仅使信号功率因功率转移而带来极大损耗，还会引入大量相位噪声，造成系统性能的严重下降，故实际应用中要防止 MI 发生以消除其不利影响。本章从 MI 的物理机制和数值模拟出发，介绍 MI 对远程光纤水听器系统强度与相位噪声的影响，针对远程光纤水听器系统介绍 MI 的抑制技术。

4.1　光纤中的调制不稳定性

4.1.1　MI 物理机制

当脉宽大于 5ps 时，若忽略光纤的线性损耗，用于描述光纤传输的非线性薛定谔方程可简化为[1]：

第4章 远程光纤水听器系统调制不稳定性影响及抑制

$$i\frac{\partial A}{\partial z} = \frac{\beta_2}{2}\frac{\partial^2 A}{\partial T^2} - \gamma |A|^2 A \tag{4.1}$$

其中，$A(z, T)$ 为脉冲包络振幅，β_2 为群速度色散参量，γ 为非线性系数，即式中等号右边两项依次对应色散效应和自相位调制（SPM）效应。首先假设 $A(z, T)$ 在光纤中传输时与时间无关即略去色散项，式（4.1）可得稳态解：

$$\overline{A} = \sqrt{P_0}\,\exp(i\varphi_{NL}) \tag{4.2}$$

其中，P_0 为输入功率，$\varphi_{NL} = \gamma P_0 z$ 为 SPM 引入的非线性相移。式（4.2）表示光在光纤中传输时，除获得与自身功率相关的非线性相移外保持不变。通过对稳态解加入微扰进行分析即假设：

$$A = (\sqrt{P_0} + a)\exp(i\varphi_{NL}) \tag{4.3}$$

将式（4.3）代入式（4.1）并略去微扰 a 的高次方项只保留其线性项可得：

$$i\frac{\partial a}{\partial z} = \frac{\beta_2}{2}\frac{\partial^2 a}{\partial T^2} - \gamma P_0(a + a^*) \tag{4.4}$$

考虑到 a 的共轭项，假设其具有以下形式：

$$a(z, T) = a_1\exp[i(Kz - \Omega T)] + a_2\exp[-i(Kz - \Omega T)] \tag{4.5}$$

其中，K 和 Ω 为微扰的波数和角频率，将式（4.5）代入式（4.4）可得关于 a_1 和 a_2 的齐次方程组：

$$\begin{cases} \left(K + \dfrac{\beta_2}{2}\Omega^2 + 2\gamma P_0\right)a_1 + \left(\dfrac{\beta_2}{2}\Omega^2 - K + 2\gamma P_0\right)a_2 = 0 \\ \left(K + \dfrac{\beta_2}{2}\Omega^2\right)a_1 + \left(K - \dfrac{\beta_2}{2}\Omega^2\right)a_2 = 0 \end{cases} \tag{4.6}$$

其有非零解的条件为系数矩阵行列式为零，由此可以推得：

$$K = \pm\frac{1}{2}|\beta_2\Omega|[\Omega^2 + \mathrm{sgn}(\beta_2)\Omega_c^2]^{1/2} \tag{4.7}$$

其中，$\Omega_c^2 = \dfrac{4\gamma P_0}{|\beta_2|}$，$\mathrm{sgn}(\beta_2)$ 表示当 $\beta_2 > 0$ 即位于光纤正常色散区时该值为 1，当 $\beta_2 < 0$ 即位于光纤反常色散区时该值为 -1。

由式（4.7）可以看出，当 $\beta_2 > 0$ 时 K 为实数，代入式（4.5）可知该微扰是稳定的。而当 $\beta_2 < 0$ 且 $|\Omega| < \Omega_c$ 时 K 为虚数，此时微扰总是包含随 z 指数增加项，故稳态解

呈现出固有的不稳定性称为调制不稳定性。需要指出的是，考虑到角频率为 ω_0 的光的传播因子 $\exp(-\omega_0 t)$，式 (4.5) 表示同时存在 $\omega_0 + \Omega$ 和 $\omega_0 - \Omega$ 两个频率成分，对应 MI 的两个频谱旁瓣。当 $\beta_2 < 0$ 且 $|\Omega| < \Omega_c$ 时可得 MI 增益谱为：

$$g(\Omega) = 2\,\mathrm{Im}(K) = -\beta_2 \Omega (\Omega_c^2 - \Omega^2)^{1/2} \tag{4.8}$$

其中，系数 2 表示将振幅增益转化为功率增益。由式 (4.8) 可以推得最大增益为：

$$g_{\max} = -\frac{1}{2}\beta_2 \Omega_c^2 = 2\gamma P_0 \tag{4.9}$$

即最大增益随输入功率线性增加，且最大增益对应的两个角频率为：

$$\Omega_{\max} = \pm\frac{\Omega_c}{\sqrt{2}} = \pm\left(\frac{2\gamma P_0}{-\beta_2}\right)^{1/2} \tag{4.10}$$

需要特别强调的是，考虑非线性效应贡献时的四波混频（FWM）相位匹配条件，即式 (4.9) 可得：

$$\Delta\omega = \pm\left(\frac{2\gamma P_0}{-\beta_2}\right)^{1/2} \tag{4.11}$$

这与式 (4.10) 完全相同，说明 SPM 引入的 MI 可以看作由 SPM 相位匹配的 FWM 过程，且该机制导致的 MI 仅在 $\beta_2 < 0$ 即光纤的反常色散区发生。远程光纤水听器系统中常用光源处于 1550nm 附近波段，处于光纤反常色散区，故实际中发生的多为该类 MI，称之为自发 MI。而如果一束频率为 $\omega_0 + \Omega$ 的种子光与频率为 ω_0 的泵浦光同时在光纤中传输，只要 $|\Omega| < \Omega_c$，种子光将获得式 (4.8) 给出的净功率增益，同时还会因 FWM 作用产生频率为 $\omega_0 - \Omega$ 的光，称这种泵浦光与种子光同时入射的情形为感应 MI。

4.1.2　MI 数值模拟

本节从光纤中脉冲传输的非线性薛定谔方程出发，利用分步傅里叶算法对 MI 进行数值模拟。

当考虑光纤各阶色散和线性损耗时，非线性薛定谔方程可表示为：

$$\mathrm{i}\frac{\partial A}{\partial z} + \sum_{m=1}^{\infty} \mathrm{i}^m \frac{\beta_m}{m!}\frac{\partial^m A}{\partial T^m} + \mathrm{i}\frac{\alpha}{2}A + \gamma |A|^2 A = 0 \tag{4.12}$$

其中，β_m 为 m 阶色散参量，α 为光纤线性损耗，γ 为非线性系数。当脉宽大于 5ps 时，一阶色散项可以忽略；对于常规单模光纤，三阶及其以上的色散项可以忽略，但对于色散位移光纤，则需要考虑三阶色散的影响。光纤水听器系统中

第4章 远程光纤水听器系统调制不稳定性影响及抑制

通常使用的是常规单模光纤且脉宽远大于 5ps,故此处仅考虑二阶色散项,上式可化简为:

$$i\frac{\partial A}{\partial z} - \frac{\beta_2}{2}\frac{\partial^2 A}{\partial T^2} + i\frac{\alpha}{2}A + \gamma|A|^2 A = 0 \tag{4.13}$$

把式 (4.13) 改写成如下形式:

$$\frac{\partial A}{\partial z} = -i\frac{\beta_2}{2}\frac{\partial^2 A}{\partial T^2} - \frac{\alpha}{2}A + i\gamma|A|^2 A = (\hat{D} + \hat{N})A \tag{4.14}$$

其中,$\hat{D} = -i\frac{\beta_2}{2}\frac{\partial^2}{\partial T^2} - \frac{\alpha}{2}$ 为色散算子,代表光纤的二阶色散和线性损耗;$\hat{N} = i\gamma|A|^2$ 为非线性算子,代表光纤中的非线性效应。

沿光纤长度方向色散和非线性是共同作用的,而分步傅里叶算法则是假定传输过程中每一小段光纤上色散和非线性分别作用,以此获得近似结果。具体来说,从 z 到 $z+h$ 的传输过程分两步进行,第一步仅有非线性作用,第二步仅有色散作用,可表示为:

$$A(z+h,T) \approx \exp(h\hat{D})\exp(h\hat{N})A(z,T) \tag{4.15}$$

其中,$\exp(h\hat{D})$ 在傅里叶变换后的频域内进行,即:

$$\exp(h\hat{D})B(z,T) = F_T^{-1}\exp[h\hat{D}(i\omega)]F_T B(z,T) \tag{4.16}$$

且利用 FFT 算法使得上述数值计算过程相对较快。

为进一步改善分步傅里叶算法的精度,可采用以下过程:

$$A(z+h,T) \approx \exp\left(\frac{h}{2}\hat{D}\right)\exp(h\hat{N})\exp\left(\frac{h}{2}\hat{D}\right)A(z,T) \tag{4.17}$$

此过程与上一过程的不同之处在于非线性效应包含在小区间中间而不是边界。值得注意的是,在数值模拟过程中要选择足够小的空间步长和时间步长(在傅里叶变换后的频域内表现为频率间隔)以保证精度要求。同时,为了与实际情形保持一致,光纤输入光谱中要包括噪声本底。

图 4.1 给出了不同输入峰值功率对应的输出光谱(为便于观察将光谱中间的激光成分去除,并只显示发生 MI 的临界频率范围内的光谱),其中二阶色散量取 $-22\text{ps}^2/\text{km}$,光纤线性损耗取 0.2dB/km,非线性系数取 1.8/W/km,ASE 噪声取 -130dBm/Hz,光纤长度为 25km。从图中可以看出,随输入峰值功率的增大,输出光谱中产生了明显的 MI 现象,MI 光谱逐渐变高变宽,达到一定程度后趋于稳定。这同时说明了利用分步傅里叶算法对 MI 进行数值模拟是切实可行的。

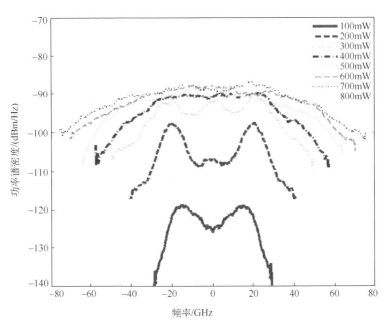

图 4.1　不同输入峰值功率对应的输出光谱

4.2　调制不稳定性对远程光纤水听器系统的影响

4.1 节介绍了光纤中 MI 的物理机制和数值模拟，由于本书针对的是远程光纤水听器系统，本节将介绍 MI 对远程光纤水听器系统的影响，尤其是对系统强度噪声和相位噪声的影响。

4.2.1　MI 强度噪声特性

本节主要研究远程光纤水听器系统中 MI 导致的强度噪声特性。测量 MI 强度噪声的实验装置如图 4.2 所示。波长为 1500.07nm 的窄线宽(~10kHz)激光器(LD)被声光调制器(AOM)调制成脉宽 100ns 的矩形光脉冲，产生的矩形脉冲由 EDFA 放大，带宽 1nm 的滤波器(Filter1)滤除额外的 ASE 噪声，之后光脉冲注入 50km 单模光纤中(SMF)。在 50km 单模光纤输出端，输出脉冲由一个带宽 125MHz 的光电探测器(D3)探测并由 DSP 采集。一个由 50MHz 信号驱动的相位调制器(PM)用来抑制 SBS。可调光衰减器(VOA)保持注入 D3 的功率恒定，以避免光功率变化对探测器的影响。

第一步，利用图 4.2 所示装置直接对 50km 单模光纤输出光的相对强度噪声进行测量。由于远程光纤水听器系统主要关注 kHz 及以下频率信号，故实验测量

0~10kHz 频段平均相对强度噪声值作为输出光相对强度噪声值。首先，直接测量不同功率的光纤输入光强度噪声。结果显示输入光相对强度噪声不随输入功率变化，约为−110dB。然后，直接对不同输入功率条件下的 50km 光纤输出光相对强度噪声进行测量。结果显示当输入功率从 50mW 增加至 700mW 过程中，输出光相对强度噪声也没有明显增加，始终保持在约−110dB，与输入光相对强度噪声水平相当。这说明 MI 的发生对输出光相对强度噪声没有明显影响。

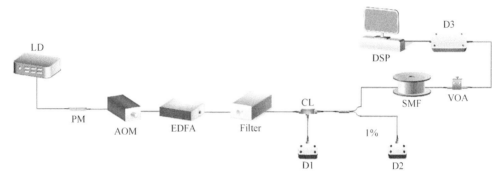

图 4.2　MI 强度噪声测试实验装置

第二步，用一个带宽为 6GHz 的窄带滤波器对 50km 光纤输出光进行滤波，以选出中心频率光，利用探测器测量中心频率光的相对强度噪声。测量结果如图 4.3 中绿线所示。从结果中可以看出，当输入功率小于 MI 阈值时，中心频率光相对强度噪声较小，约−110dB/$\sqrt{\text{Hz}}$；当输入功率超过 MI 阈值时，相对强度噪声迅速增大；当输入功率达到 700mW 时，相对强度噪声增加至约−87dB/$\sqrt{\text{Hz}}$，相比 MI 未发生时的相对强度噪声出现了显著增加。

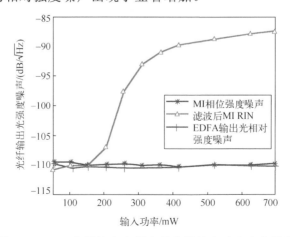

图 4.3　50km 光纤输出光强度噪声随输入功率变化情况

以上结果说明，MI 发生时，50km 光纤输出光的相对强度噪声不发生明显变化，但是中心频率光的相对强度噪声显著增加。由于光纤输出光功率等于中心频率光功率与 MI 边带光功率之和，说明 MI 发生时光纤中传输功率呈现总功率稳定、局部波动的特点。

MI 发生时一个重要特点是连续光分裂产生超短脉冲。仿真得到 50km 光纤中典型的时域变化如图 4.4 所示。在光纤输入端，MI 尚未明显发生，故没有明显脉冲出现；随着光沿光纤传输，MI 逐渐发生，传输光逐渐分裂成超短脉冲。可以看到，产生的脉冲波形与相位呈现随机不规则变化(图 4.4)。由于 MI 在零频附近增益很小，其增益主要集中在 MI 峰值频率附近，故 MI 产生的脉冲主要是频率几十GHz 的高频脉冲。对光纤水听器系统来说，系统测得的强度噪声除了跟传输光本身性质有关外，还跟系统所用探测器性能有关。在光纤水听器系统中，所用的探测器典型带宽约几十 MHz，这样的探测器无法测量到频率几十 GHz 的脉冲信号变化，故 MI 发生时光纤输出光在光纤水听器系统中仍然表现为连续光，这是图4.3 中输出光的相对强度噪声没有明显变化的原因。当对输出光进行窄带滤波以选出中心频率光时，图 4.3 显示其相对强度噪声在 MI 发生时显著增大，其原因是MI 发生时中心频率光与 MI 边带之间功率转换过程的不稳定。由于自发 MI 是通过放大 ASE 噪声产生的，故 ASE 噪声功率对自发 MI 有显著影响。ASE 噪声功率随时间波动，导致 MI 中心频率光向 MI 边带转换时的能量波动。故光纤输出光的总体相对强度噪声不变，而中心频率光的相对强度噪声增大。

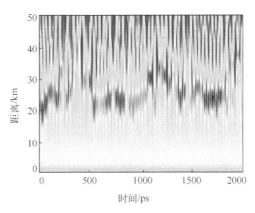

图 4.4　输入功率 500mW 时自发 MI 产生的脉冲时域变化图

为了验证以上分析，实验测量了 MI 发生时 50km 光纤输出光脉冲的时域波形变化情况。脉冲重复频率设置为 10kHz，确保整个实验过程中平均功率低于 SBS阈值，以避免 SBS 的发生。同时，将输入脉冲峰值功率限制在 1W 以下，以避免

第4章 远程光纤水听器系统调制不稳定性影响及抑制

受激拉曼散射(SRS)对实验结果的干扰。在这种情况下，MI 是 50km 光纤中唯一显著发生的非线性效应。

首先研究 50km 光纤末端输出光的时域波形。比较两种情况下的脉冲波形：①50km 光纤输出光直接进入探测器，此时测量的是光纤总输出光；②50km 光纤输出光经滤波器滤波选出中心频率光后进入探测器，此时 MI 边带光基本被滤除，测量的主要是中心频率光。图 4.5 分别给出了不同输入功率情况下总输出光与中心频率光的时域波形。如图中所示，在不同输入功率条件下，总输出光波形基本保持不变，说明 MI 的发生并没有导致总输出光功率发生明显波动。而中心频率光脉冲功率随着输入功率的增加逐渐发生波动，且输入功率越大，脉冲功率波动越剧烈。这种总输出光波形的稳定与中心频率光波形的波动表明：MI 发生时光纤输出光功率呈现总体稳定、局部振荡的特点。即 MI 发生时传输光总功率不变，但中心频率光与 MI 边带之间的能量转换过程随机波动，并直接体现为中心频率光功率的随机波动，且这种波动随着输入功率的增加而逐渐加剧。

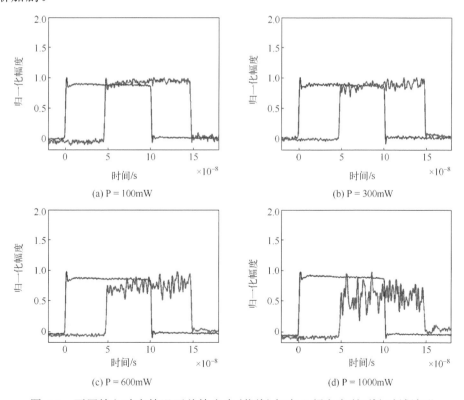

图 4.5 不同输入功率情况下总输出光(蓝线)与中心频率光(红线)时域波形

为了定量研究这种 MI 导致的功率转换波动，定义光脉冲的相对强度波动：

$$\Delta I = \left(\frac{\sqrt{\sum_{1}^{N}(I_n - \bar{I})^2}}{N \cdot \bar{I}} \right) \tag{4.18}$$

其中，I_n 表示采集到的光脉冲强度数据，$\bar{I}$ 为光脉冲平均强度，N 是数据长度。根据实验数据计算得到的相对强度波动结果如图 4.6 中红线所示：当输入光功率从 100mW 增长到 1W 时，总输出光脉冲的相对强度波动(RIFT)没有出现明显增长；而滤波后得到的中心频率光相对强度波动(RIFC)出现显著增长。当输入功率低于 MI 阈值时，RIFC 保持较低水平；当输入功率超过 MI 阈值(约 200mW)时，随着 MI 发生，RIFC 急剧增大，输入功率 1W 时 RIFC 增大至约 0.23。

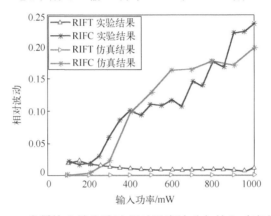

图 4.6　光纤输出端光脉冲相对强度波动与输入功率关系

同时，利用分步傅里叶算法仿真了 MI 导致的光功率波动情况。所用仿真参数为：$\gamma = 1.2/(\mathrm{W \cdot km})$，$\beta_2 = -21/(\mathrm{ps^2 \cdot km})$，$\alpha = 0.19\mathrm{dB/km}$，ASE 噪声为 $-130\mathrm{dB}$。仿真得到 50km 光纤输出端 MI 导致的 RIF 变化结果如图 4.6 中绿线所示。可以看出，总输出光 RIF 基本不受输入光功率影响，始终接近于 0；而 RIFC 呈现明显阈值特性，当输入功率小于 200mW 时，RIFC 很小，而当输入功率大于 200mW 时，RIFC 迅速增大，其变化与实验结果基本吻合。

仿真还给出了不同输入功率条件下 RIFC 沿光纤的分布变化情况，结果如图 4.7 所示。当输入功率低于 MI 阈值时(100mW, 200mW)，由于 MI 在整段光纤中发生得不明显，故 RIFC 在光纤中不发生明显增长；当输入功率大于 MI 阈值时(300mW, 400mW)，MI 发生导致 RIFC 沿光纤逐渐增大；当输入功率继续增大时(600mW, 1000mW)，RIFC 在光纤前端迅速增大，在光纤后半段变化逐渐趋缓。

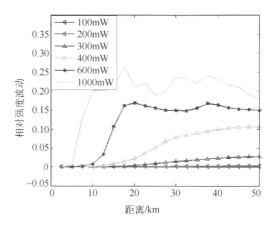

图 4.7　不同输入功率条件下 50km 光纤中心频率光相对强度波动沿光纤的分布变化

此外，MI 发生程度还与 ASE 噪声水平息息相关，ASE 噪声越高，MI 越容易在光纤中产生。为了研究 ASE 噪声对远程光纤传输中心频率光 RIFC 的影响，仿真了不同 ASE 噪声条件下 RIFC 在 50km 光纤中的分布变化。输入功率设置为 600mW，不同 ASE 噪声条件下 RIFC 沿光纤变化情况如图 4.8 所示。可以看出，ASE 噪声越大，RIFC 越大，在光纤中增长得也越快。可以这样解释：ASE 噪声越高，MI 在光纤中发生得越剧烈，故 RIFC 在光纤中增长得也越快。

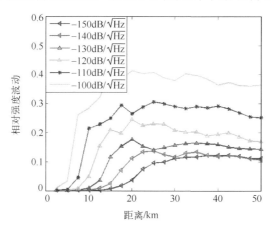

图 4.8　不同 ASE 噪声条件下 50km 光纤中心频率光相对强度波动沿光纤的分布变化

综上所述，本节研究了远程光纤水听器系统中 MI 导致的强度噪声特性，发现 MI 发生时总输出光强度噪声不变，而中心频率光强度噪声随输入功率迅速增长，即光纤输出光功率呈现总体稳定、局部振荡的特点。由于 MI 发生不会对光纤总输出光强度噪声产生影响，故可以推断 MI 对直接探测总输出光强的强度型传感系统性能影响不大。然而，对于远程光纤水听器系统，MI 导致的中心频率光强波动会有不可忽视的影响，其经光纤干涉仪后转化为干涉信号幅度的波动，而该干涉信号幅度的波动经信号解调后转化为系统的相位噪声。

4.2.2　MI 相位噪声特性

上节主要对远程传输光纤中 MI 导致的时域波形与强度噪声特性进行了研究。本节主要研究远程光纤水听器系统中 MI 导致的相位噪声特性。测量远程光纤水听器系统中相位噪声的实验装置如图 4.9 所示：窄线宽单频激光器(LD)的输出光经相位调制器(PM)后被 AOM 调制成矩形脉冲，脉冲光由 EDFA 放大并滤波，滤波后的光经环形器(CL)进入 50km 单模光纤，其中 1% 的输入光进入探测器 D2 以监测输入功率，50km 光纤输出光注入一个光程差约 2m 的迈克尔逊干涉仪，干涉仪输出光经可变光衰减器(VOA)后进入光电探测器(D3)，其输出信号由数字信号处理模块进行 PGC 解调。实验中 LD 受到 32kHz 正弦频率调制以产生 PGC 解调所需的载波，并用 150MHz 正弦调制驱动 PM 产生三等幅光梳抑制 SBS。光脉冲脉宽设置为 100ns，重复频率设置为 192kHz。探测器 D3 监测光纤后向散射光以避免 SBS 发生，干涉仪置于屏蔽罐中以避免外界环境噪声对相位噪声测量的干扰，法拉第旋转镜(FRM)用来抑制偏振噪声，VOA 控制输入探测器的光功率为恒定值以避免功率变化对测量结果的影响。

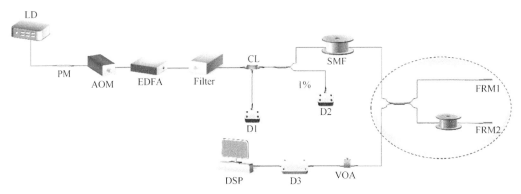

图 4.9　远程光纤水听器系统相位噪声测量装置

在实验中以 3kHz 附近的平均相位噪声作为系统相位噪声的度量标准。首先将 EDFA 输出光经衰减后直接注入干涉仪，以测量短程光纤水听器系统的相位噪声本底。结果如图 4.10 中蓝线所示，可以看出 EDFA 输出光在 50～700mW 之间相位噪声没有出现明显增加，平均相位噪声大约为 $-105\text{dB}/\sqrt{\text{Hz}}$。

然后，实验测量了不同输入功率条件下经 50km 光纤传输后光纤水听器系统的相位噪声，如图 4.10 中红线所示。可以看出当输入功率低于 200mW 时，MI

尚未发生，系统相位噪声比较低，平均相位噪声约 –105dB/$\sqrt{\text{Hz}}$，与短程系统相位噪声水平相当。当输入功率大于 200mW 时，MI 开始发生，系统相位噪声迅速增加，当输入功率增加至 700mW 时，相位噪声增加至约 –69dB/$\sqrt{\text{Hz}}$，与未发生 MI 时相比增加了约 36dB。

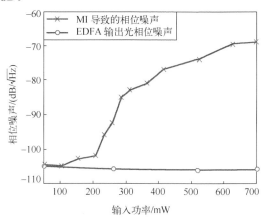

图 4.10　远程光纤水听器系统不同输入功率对应的平均相位噪声

在光纤输入端不同功率对应的相位噪声没有明显增加，而经过 50km 光纤传输后相位噪声在功率大于 MI 阈值时明显增加，说明该相位噪声增加主要由传输过程带来。同时考虑到实验中 MI 是主要的非线性效应，故相位噪声增加主要归因于 MI。

图 4.11 给出了几个典型输入功率条件下的远程光纤水听器系统相位噪声频谱图。当输入功率低于 200mW 时，相位噪声没有明显变化。当输入功率继续增加时，相位噪声明显增大，这与图 4.10 中结果吻合。

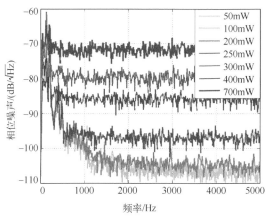

图 4.11　远程光纤水听器系统典型相位噪声频谱图

图 4.10 与图 4.11 的结果表明，当输入功率大于 MI 阈值时，MI 的发生导致远程光纤水听器系统相位噪声迅速增加，此时系统探测灵敏度将严重下降。这对于主要测量微弱信号的远程光纤水听器系统而言是不可接受的，故远程光纤水听器系统输入功率需限制在 MI 阈值以下。下节将重点介绍光纤中 MI 的抑制方法。

4.3 光纤中调制不稳定性的抑制

与传输高速数字信号的光纤通信系统不同,光纤传感系统中主要传输低频模拟信号，故 MI 对光纤传感系统的影响与光纤通信系统有很大差别。对光纤传感系统中 MI 的研究，目前主要集中于分布式光纤传感领域，而关于 MI 在远程光纤水听器系统中的影响及抑制研究报道较少。本节主要回顾分布式光纤传感系统中关于 MI 抑制的研究成果，从而为光纤水听器系统中 MI 的研究提供借鉴与参考。

经过长时间发展，分布式光纤传感技术日益成熟，而远程化是其重要发展方向。在长距离分布式光纤传感系统中,MI 是限制输入功率与传输距离的主要因素。针对不同的系统，研究者在 MI 抑制方面做了相关研究，并针对性地提出了多种 MI 抑制方法。目前 MI 抑制主要有以下几种方法：

1. 采用正常色散光纤

MI 是一种主要发生在反常色散区的非线性效应，在正常色散区 MI 只有特殊条件下才会发生。故要实现 MI 抑制，最简单的方法就是采用正常色散光纤[2,3]。

2. 正交偏振脉冲法

2000 年，P. T. Dinda 等人利用双频正交偏振泵浦的方法实现了 MI 和 SRS 的同时抑制[4]；2015 年，L. Thevenaz 课题组采用偏振正交法抑制了布里渊光时域分析（BOTDA）系统中的 MI，该方法理论上可使输入功率提高 3dB（实验装置如图 4.12)[5]。

3. 降低 ASE 背景噪声

考虑到 MI 起源于噪声，即旁瓣频率范围内（一般为几十 GHz）的噪声充当了激发 MI 的种子源，故考虑利用极窄带宽（例如 1GHz）的光纤光栅滤波器滤除噪声来抑制 MI。该想法最早由瑞士洛桑联邦理工学院（EPFL）L. Thevenaz 课题组在研究 BOTDA 系统时提出[6]。

第4章 远程光纤水听器系统调制不稳定性影响及抑制

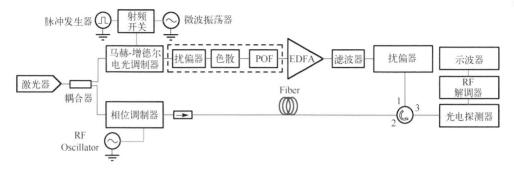

图 4.12 正交偏振脉冲抑制 BOTDA 中 MI 实验装置

在远程光纤水听器系统中要用到掺铒光纤放大器，不可避免地给系统引入放大的自发辐射噪声，而 MI 旁瓣内的噪声可充当种子源诱发 MI，故不同的噪声水平对应的 MI 发生程度也不相同，利用 4.2 节所述的分步傅里叶算法可对此进行数值模拟。图 4.13 给出了输入峰值功率为 200mW 时不同噪声本底对应的光纤输出端的 MI 光谱，其中二阶色散参量取$-22ps^2/km$，光纤线性损耗取 0.2dB/km，非线性系数取 $1.8W^{-1}km^{-1}$，光纤长度为 25km。图中最底端的 MI 光谱对应只有量子噪声的情形，即此时功率谱密度 $S(v) = (1/2)\,hv$，其中 h 为普朗克常量，v 为频率。从图中可以看出，噪声对 MI 的发生起着重要作用，随着噪声本底的提高，MI 发生得更为明显，这就为通过滤波降低噪声水平从而抑制 MI 提供了理论依据。

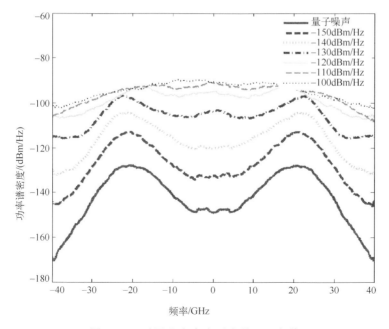

图 4.13 不同噪声本底对应的 MI 光谱

图 4.14 给出了不同噪声本底对 MI 影响的实验装置图。采用 1551nm 的半导体激光器作为光源,利用半导体光放大器(SOA)将连续光转化为消光比足够高的脉冲,通过掺铒光纤放大器(EDFA1)将脉冲放大。为产生三种不同水平的放大自发辐射噪声,采用图中所示的三种结构:①先后使用带宽 100GHz 的光纤光栅滤波器、掺铒光纤放大器(EDFA2)、带宽 1GHz 的光纤光栅滤波器,该结构产生的噪声水平最低;②先后使用带宽 1GHz 的光纤光栅滤波器、掺铒光纤放大器,该结构产生的噪声水平中等;③先后使用带宽 100GHz 的光纤光栅滤波器、掺铒光纤放大器,该结构产生的噪声水平最高。对于第三种结构,由于噪声水平过高导致 MI 光谱被完全遮盖,故实际实验中适当提高脉冲占空比来降低噪声水平。经过上述结构后利用可调光衰减器(VOA)调整 25km 普通单模光纤(SMF)的入纤功率,并采用 1:99 耦合器、光探测器(D)和数字示波器(OSC)监控入纤脉冲峰值功率,最后采用分辨率 0.01nm 的光谱仪(OSA)观察输出光谱。

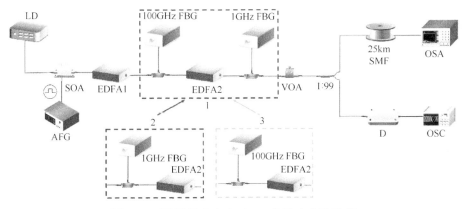

图 4.14　不同噪声本底对 MI 的影响实验装置

图 4.15 给出了图 4.14 中三种实验结构对应的不同输入峰值功率下的 MI 开关增益。由于使用了光纤光栅滤波器,输入和输出光谱必然受到其影响,为了更好地观察 MI 发生情况,利用输出光谱减去输入光谱并消除光纤线性损耗的影响,由此获得三种结构下的 MI 开关增益。从图中可以看出,随着输入峰值功率的增加,MI 的两个旁瓣呈现出先变高再变宽的趋势。但值得注意的是,两个旁瓣的高度往往并不相同,这是由三阶色散造成的。比较这三幅图可以看出,对于第一种结构即对应的放大自发辐射噪声最低时,当输入峰值功率高达 300mW 时 MI 才开始产生;对于第二种结构即对应的放大自发辐射噪声中等时,当输入峰值功率为 200mW 时 MI 就已经发生;而对于第三种结构即对应的放大自发辐射噪声最高时,当输入峰值功率仅 100mW 时就已经可以看到 MI 的旁瓣。由此

可利用第一种结构,即在脉冲放大后采用带宽 1GHz 的窄带光纤光栅滤波器滤除噪声来最大限度地抑制 MI。为了更加直观地说明噪声对 MI 发生的影响,做出上述三种噪声水平下的 MI 开关增益(此时对应两个旁瓣的积分)随输入峰值功率的变化曲线如图 4.16 所示。

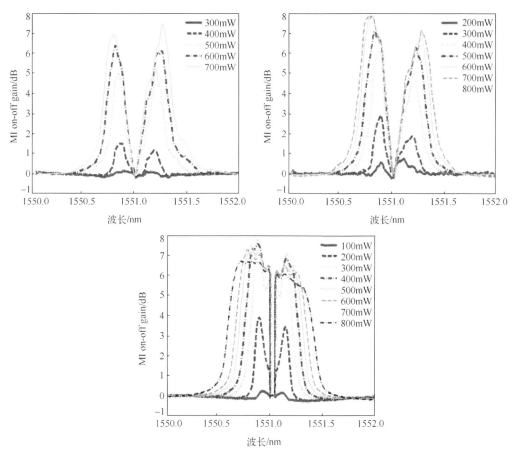

图 4.15　第 1、2、3 种实验结构对应的不同输入峰值功率时的 MI 开关增益

从图中可以看出,对于放大自发辐射噪声最高、中等和最低三种情况,MI 明显发生对应的输入峰值功率分别约为 150mW、200mW 和 300mW,由此通过实验证实了利用窄带光纤光栅滤波的方法抑制 MI 是非常有效的。当然这取决于窄带光纤光栅滤波器的发展,对于常用的带宽约为几十 GHz 的光纤光栅滤波器,由于 MI 的两个旁瓣对应的频率范围也为几十 GHz,故其对 MI 几乎没有抑制效果。

将窄带滤波抑制 MI 的方法用于 BOTDA 系统的实验装置如图 4.17 所示。

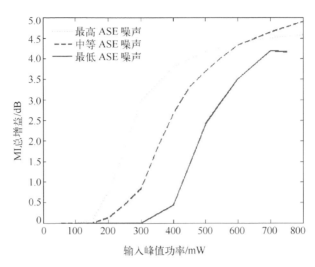

图 4.16　三种噪声水平下的 MI 开关增益随输入峰值功率的变化

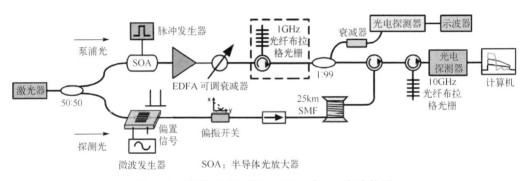

图 4.17　窄带滤波抑制 BOTDA 中 MI 实验装置

4．时域分离多频光源法

时域分离多频光源法也是由 L. Thevenaz 课题组于 2015 年提出[7]，利用时域分离的多频光源有效提高了 BOTDA 最大输入功率与信噪比，实验装置如图 4.18 所示。

综上所述，研究者们针对 MI 提出了数种抑制方法。但是对于远程光纤水听器系统而言，以上四种方法都有其局限性。采用正常色散光纤可以从原理上避免 MI 的发生，但正常色散光纤的使用会显著增加系统成本；正交偏振脉冲会引入偏振噪声串扰，导致光纤水听器系统相位噪声增加；通过窄带滤波可降低 ASE 背景噪声，但需要对每个波长的光源定制匹配的窄带滤波器，对大规模多波长光纤水听器系统而言并不适用；时域分离的多频光源法理论上可以将系统输入功率提高

N 倍(N 为光频个数),但是操作过于复杂,且在时域分离与合束过程中容易带来额外的相位噪声。

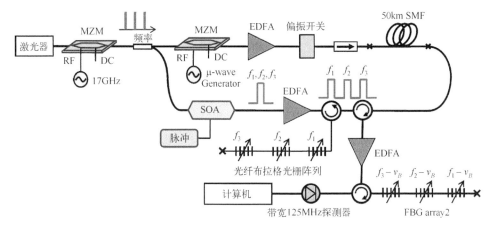

图 4.18　时域分离多频光源法抑制 BOTDA 中 MI 的实验装置

在远程光纤水听器系统中,MI 的发生导致前向功率大量向 MI 边带转移并且引入大量相位噪声,是系统中传输功率与最大传输距离的主要限制因素,然而目前还鲜有针对远程光纤水听器系统 MI 及其相位噪声抑制的详细报道。故探究适用于远程光纤水听器系统的 MI 抑制方法,以突破 MI 对系统输入功率的限制,对于构建下一代系统而言具有重要意义。

4.4　远程光纤水听器系统中调制不稳定性的抑制

由于现有的 MI 抑制技术难以直接应用至远程光纤水听器系统中,本节针对远程光纤水听器系统特征提出一种相干种子注入方案对系统中自发 MI 及其相位噪声进行有效抑制。该方案通过对单频光施加高频相位调制,在频谱两侧对称位置引入相干种子光,从而在远程光纤中激发感应 MI。由于相干种子相对于 ASE 噪声具有竞争优势,感应 MI 过程成为远程光纤传输过程中主要的非线性效应,而自发 MI 被有效抑制,使得远程光纤水听器系统的相位噪声得到显著抑制,从而有效提升系统最大输入功率与传输距离。

4.4.1　相干种子注入对自发 MI 的抑制

通常,在远程光纤水听器系统中主要发生的是自发 MI。由于自发 MI 的频谱边带是从 ASE 噪声中产生的,故其具有天然的非相干性,将给系统带来大量非线性相位噪声。目前的 MI 抑制思路主要从降低 MI 增益角度出发,如正交偏振脉冲法其实是将输入功率平均分配到两个正交偏振方向上,从而降低每个偏振方向上的光功率,进而降低 MI 增益;窄带滤波法是通过滤波降低输入光的 ASE 噪声,从而有效抑制 MI;多频光源法将输入光功率分配到几个不同的光频上且在时间上分离,从而降低单频光功率,进而降低 MI 增益。下面从另一个角度出发,提出相干种子注入方案抑制远程光纤水听器系统中自发 MI 及其相位噪声。该方法实际上不是通过抑制 MI 的发生来达到抑制系统相位噪声的目的,而是通过激发感应 MI 过程,将 MI 增益限制于分立的几个边带,从而实现对自发 MI 的抑制。结果表明,该方法可以有效抑制远程光纤中的自发 MI,显著降低系统相位噪声,有效提升系统输入功率与最大传输距离。

远程光纤水听器系统中自发 MI 抑制实验装置如图 4.19 所示。图中一共用了两个相位调制器,其中 PM1 如前文所述,主要用于抑制 SBS,而 PM2 则用于自发 MI 的抑制。当需要测量 MI 输出光谱时,在 50km 单模光纤输出端接光谱仪进行监测。图中虚线框内的光纤干涉仪可用于测量传输光的相干度。

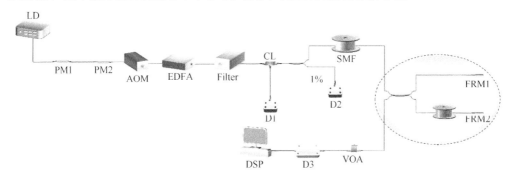

图 4.19　远程光纤水听器系统中 MI 抑制实验装置

首先对 PM2 施加频率 20GHz 的相位调制,在光谱中将产生对称边带。不同功率下 50km 单模光纤输出光谱如图 4.20 中红线所示,图中蓝线表示未施加相位调制时自发 MI 产生的输出光谱。自发 MI 边带通过放大 ASE 噪声产生,随着输入功率的增加,MI 边带功率逐渐增加,频谱逐渐展宽;当输入功率继续增大时,MI 旁瓣逐渐成为展宽的连续光谱,这是自发 MI 发生时的典型光谱表现。当利用 20GHz 相位调制在中心频率光两侧添加对称边带时,感应 MI 被激发。与不施加相位调制的情况相比,调制状态下的输出光功率主要限制在几个分立的频率边带中,而起源于 ASE 噪声的自发 MI 边带被有效抑制。当输入功率继续增加,自发 MI 的影响逐渐显现。当输入功率增加至 600mW 与 800mW 时,可以看到此时输出光噪声本底也逐渐升高,说明此时自发 MI 的作用逐渐增大。

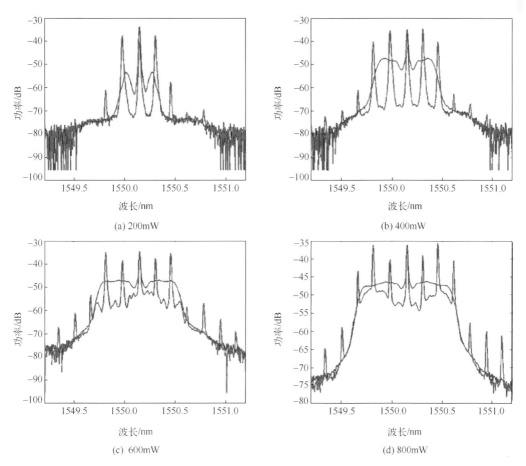

(a) 200mW

(b) 400mW

(c) 600mW

(d) 800mW

图 4.20　不同输入功率对应的 50km 光纤输出光谱（蓝线：未调制；红线：调制）

利用分步傅里叶算法可以仿真得到输入功率 400mW 时光谱的分布式变化过程。结果如图 4.21 和图 4.22 所示。当不施加相位调制时，自发 MI 沿光纤传输过程逐渐发生，形成对称的 MI 旁瓣。当相位调制产生相干种子时，可以看到光纤中产生多个分立频谱边带，能量转换主要限制在几个分立的光频中。其机制可以解释为：相位调制产生的相干边带相对于 ASE 噪声具有增益优势，故在光传输过程中迅速放大。感应 MI 的发生将中心频率光功率分配到几个分立的感应 MI 边带上，降低了中心频率光功率，故进一步降低了自发 MI 增益。结果，自发 MI 被显著抑制，感应 MI 成为光纤传输过程中的主要非线性过程。

图 4.23 给出了调制与不调制情况下输出光可见度随输入功率的变化关系。当不施加相位调制时，输出光相干度在 MI 不发生时约为 1（$P<200\text{mW}$）。当 MI 发

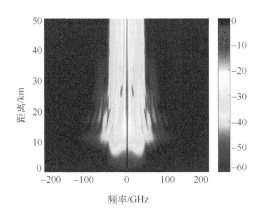

图 4.21 未调制时光纤中光谱分布式变化

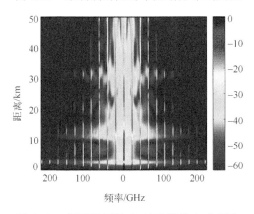

图 4.22 相干种子注入时光谱分布式变化

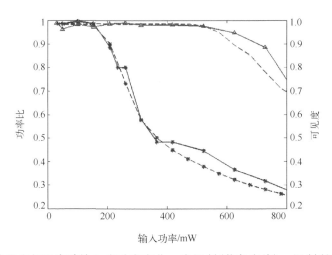

图 4.23 输出光相干度随输入光功率变化，未调制(蓝色实线)，调制(红色实线)；
相干光功率占总功率比值，未调制(蓝色虚线)，调制(红色虚线)

第4章　远程光纤水听器系统调制不稳定性影响及抑制

生时（$P>200\mathrm{mW}$），输出光相干度随输入功率的增加而迅速下降。当输入功率等于800mW 时，自发 MI 导致输出光相干度下降至 0.28。当施加相位调制时，感应 MI 被激发，自发 MI 被有效抑制，故输出光相干度有明显提升。当输入功率增加至 520mW 时，输出光相干度仍然接近 1。随着输入功率的进一步增大，相干度因自发 MI 的发生而逐渐下降，但是仍然明显大于未调制时的相干度，输入功率 800mW 时相干度仍然大于 0.7。其物理机制可以这样解释：由于 ASE 噪声是非相干光，故从放大的 ASE 噪声中产生的自发 MI 边带也为非相干光。故随着输入光功率增加，自发 MI 边带功率增高，输出光相干度下降。当利用相位调制产生频差 20GHz 的相干种子光时，种子光高度相干且与中心频率光的相位高度相关。激发感应 MI 后，各边带的相位变化具有共轭关系，故输出光相干度相比未调制时更高。另外，如图 4.20 所示，在调制情况下，当输入功率继续增大时（$P>600\mathrm{mW}$）自发 MI 仍然发生，与此对应，图 4.23 中输出光相干度出现下降趋势。

根据输出光谱计算得到的相干光功率占总功率比值如图 4.23 中虚线所示，光谱计算结果与测量得到的相干度结果吻合，说明调制产生的相干边带有效提升了输出光相干度。

为了研究不同调制频率对自发 MI 的抑制效果，实验测量了输入功率为 300mW 时不同调制频率对应的输出光谱，相位调制产生的边带相对功率约为 $-20\mathrm{dB}$。不同调制频率对应的输出光谱如图 4.24 所示，蓝色为未调制时的输出光谱，红色为施加相位调制时对应的输出光谱。可以看出，自发 MI 的抑制程度与调制频率密切相关。当调制频率为 20GHz 时，自发 MI 抑制效果最为显著。当调制频率为 10GHz 时，感应 MI 产生的分立边带数量最多，幅度最大，但是自发 MI 抑制幅度较小。当调制频率为 40GHz 时，几乎对自发 MI 没有抑制作用，这是因为 300mW 光功率对应的 MI 增益带宽约为 50GHz，40GHz 处 MI 增益较低，故感应 MI 在光纤中影响很小，对自发 MI 的抑制效果非常有限。

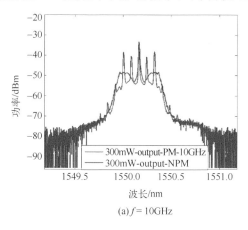

(a) $f = 10\mathrm{GHz}$

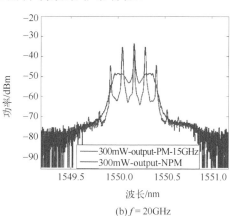

(b) $f = 20\mathrm{GHz}$

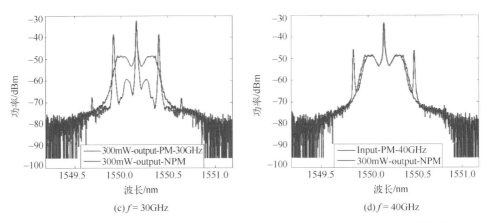

(c) $f = 30\text{GHz}$ (d) $f = 40\text{GHz}$

图 4.24　不同调制频率对应的输出光谱（蓝线：未调制光谱；红线：调制光谱）

图 4.25 给出了输出光相干度随调制频率变化的关系。可以看到，当调制频率在 20～30GHz 之间时，输出光相干度最高，接近于 1。而调制光频率增加或减小都会导致输出光相干度下降，这是由 MI 增益谱特性决定的。未调制时的输出光谱反映光纤的实际 MI 增益谱，对应 MI 增益主要集中在 20～30GHz 范围内。当调制频率大于 30GHz 时，MI 增益逐渐下降，故感应 MI 效率下降，对自发 MI 的抑制作用也下降。当调制频率小于 20GHz 时，由于各边带之间频差较小，各个频率光的自发 MI 增益谱重叠，故整体自发 MI 增益相对较高，即对自发 MI 的抑制作用减弱。以上结果表明，为有效抑制远程光纤中的自发 MI，需要使调制频率接近光纤 MI 峰值增益频率。

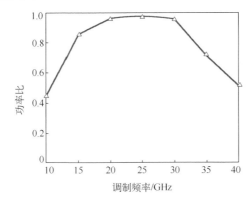

图 4.25　相干光功率占总功率比值随调制频率变化关系

图 4.26 给出了 300mW 输入功率、20GHz 调制频率、边带相对功率不同时对应的输出光谱。可以看到，当边带功率较低时(−44dB)，输出光自发 MI 边带与未调制时几乎重合；随着边带功率的增加，输出光的自发 MI 边带功率逐渐下降，

说明种子光功率越大，自发 MI 抑制效果越显著。图 4.27 给出了输出光相干度随边带相对功率的变化关系。可以看到，当边带功率很小时，输出光相干度随边带功率增长迅速增大；当边带功率大于–37dB 时，输出光相干度大于 0.9，说明自发 MI 已经得到了有效抑制；当继续增加边带功率时，输出光相干度增加不明显。实验结果说明增大边带光功率可以显著抑制自发 MI，且当输入功率为 300mW 时，只需要功率较低的种子光就可以有效抑制自发 MI。

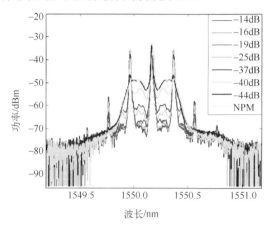

图 4.26　不同边带功率对应的输出光谱

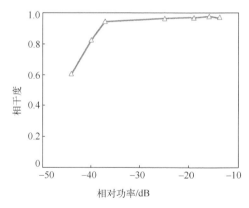

图 4.27　输出相干光功率占总功率比值随边带功率变化关系

　　图 4.28 给出三种情况下输出光相干度随输入功率的变化。可以看到，当不施加相位调制时，相干度从输入功率约 200mW 开始持续下降，至 800mW 时绝大部分功率转化为自发 MI 边带功率，相干度约为 0.26。当种子光功率为–20dB 时，输出光相干度相对未调制情况明显增加,输入功率 500mW 时相干度仍然大于 0.9；当输入功率为 800mW 时，输出光相干度仍然保持约 0.5。当种子光功率为–10dB

时，输出光相干度在功率低于 300mW 时与种子光功率–20dB 情况大致相等；当输入功率继续增加，–10dB 边带对自发 MI 的抑制效果更好，输入功率为 800mW 时，输出光相干度约 0.7。

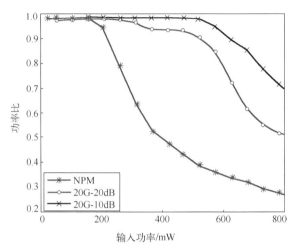

图 4.28　不同情况下输出相干光功率占总功率比值随输入功率的变化

综上所述，相干种子注入方案激发光纤中的感应 MI，有效抑制了自发 MI，从而提高了传输光的相干度。为了有效抑制自发 MI，调制频率应接近光纤中自发 MI 光谱的峰值频率，且增大种子光功率有助于提高自发 MI 的抑制效率。

4.4.2　相干种子注入对远程光纤水听器系统的影响

由上节研究结果可知，利用相位调制引入相干种子光可以激发感应 MI，使光纤传输过程中的能量交换主要集中于几个特定的频谱边带中，有效抑制系统中自发 MI 的发生，从而提高输出光相干度。由于本书主要关注 MI 对远程光纤水听器系统的影响，而相位噪声是决定系统探测灵敏度的关键参数，故在研究 MI 抑制方法时，需重点关注其对系统相位噪声的影响。首先，从理论上分析感应 MI 对远程光纤水听器系统相位噪声的影响。

相位调制产生的多频激光可以表示为：

$$E_{\mathrm{in}} = E_0 \cos(\omega_0 t + B\cos(\omega_{\mathrm{m}} t) + \varphi_n) \tag{4.19}$$

上式可以贝塞尔函数展开，各阶边带幅度为 $J_n(B)$。相位调制光在光纤中传输时激发感应 MI，光场各个边带幅度与相位发生相应变化，光场可以表示为：

$$E = \sum_n A_n \exp\{\mathrm{j}(\omega_0 t + n\omega_{\mathrm{m}} t + \varphi_n(t))\} \tag{4.20}$$

其中，A_n 表示第 n 阶边带幅度，ω_0 为中心光频，ω_m 为边带频率间隔，φ_n 为第 n 阶边带相位。

该多频光输入非等臂干涉仪，两臂光场分别表示为：

$$E_1 = \sum_n A_n \exp\{\mathrm{j}(\omega_0 t + n\omega_\mathrm{m} t + \varphi_n(t))\} \tag{4.21}$$

$$E_2 = \sum_n A_n \exp\{\mathrm{j}(\omega_0(t+\Delta t) + n\omega_\mathrm{m}(t+\Delta t) + (\varphi_n(t+\Delta t)))\} \tag{4.22}$$

其中，$\Delta t = \Delta L / c$，ΔL 为干涉仪两臂光程差，则归一化干涉光场可以表示为：

$$
\begin{aligned}
E_\mathrm{out} &= E_1 + E_2 \\
&= \exp(\mathrm{j}\omega_0 t)\Bigg\{ \sum_n A_n \exp[\mathrm{j}(n\omega_\mathrm{m} t + \varphi_n(t))] \\
&\quad + \sum_n A_n \exp[\mathrm{j}(\omega_0\Delta t + n\omega_\mathrm{m}(t+\Delta t) + \varphi_n(t+\Delta t))] \Bigg\}
\end{aligned}
\tag{4.23}
$$

对应输出干涉光强为：

$$
\begin{aligned}
I &= \mathrm{Re}\left\langle E_\mathrm{out} \cdot E_\mathrm{out}^* \right\rangle \\
&= \mathrm{Re}\Bigg\{ \sum_{n_1}\sum_{n_2} A_{n_1} A_{n_2} \exp[\mathrm{j}(n_1-n_2)\omega_\mathrm{m} t + \mathrm{j}(\varphi_{n_1}(t) - \varphi_{n_2}(t))] \\
&\quad + \sum_{n_1}\sum_{n_2} A_{n_1} A_{n_2} \exp[\mathrm{j}(n_1\omega_\mathrm{m} t - \omega_0\Delta t - n_2\omega_\mathrm{m}(t+\Delta t) + (\varphi_{n_1}(t) - \varphi_{n_2}(t+\Delta t)))] \\
&\quad + \sum_{n_1}\sum_{n_2} A_{n_1} A_{n_2} \exp[\mathrm{j}(\omega_0\Delta t + n_2\omega_\mathrm{m}(t+\Delta t) + \varphi_{n_2}(t+\Delta t) - n_1\omega_\mathrm{m} t - \varphi_{n_1}(t))] \\
&\quad + \sum_{n_1}\sum_{n_2} A_{n_1} A_{n_2} \exp[\mathrm{j}((n_1-n_2)\omega_\mathrm{m}(t+\Delta t) + \varphi_{n_1}(t+\Delta t) - \varphi_{n_2}(t+\Delta t))] \Bigg\}
\end{aligned}
\tag{4.24}
$$

由于抑制 MI 所用的调制频率一般大于 10GHz，而光纤水听器系统探测器带宽一般为几十 MHz，故探测器直接滤掉了 ω_m 及其倍频项，输出干涉光强可以表示为：

$$I = 2\sum_n A_n^2 + 2\sum_n A_n^2 \cos(n\omega_\mathrm{m}\Delta t + \Delta\varphi_n) \tag{4.25}$$

其中，$\Delta\varphi_n = \varphi_n(t) - \varphi_n(t+\Delta t)$。$\Delta\varphi_n$ 中包括激光相位噪声 φ_N 与传感信号 φ_s 等，感应 MI 产生的各个边带之间具有相位共轭关系，故各边带相位噪声 φ_N 大致相等，传感信号 φ_s 在各个边带的响应也一致。故探测器输出可以进一步表示为：

$$I = 2\sum_n A_n^2 + 2\sum_n A_n^2 \cos(n\omega_\mathrm{m}\Delta t + \varphi_N + \varphi_s) \tag{4.26}$$

式(4.26)第一项代表探测器输出的直流项，由于其不携带相位信息，故在信号处理过程中可以忽略，则探测器输出表示为：

$$I_s = 2 \sum_n A_n^2 \cos(n\omega_{\mathrm{m}}\Delta t + \varphi_N + \varphi_{\mathrm{s}}) \tag{4.27}$$

可以看到，当利用相位调制激发光纤中的感应 MI 时，干涉仪输出信号为多个边带干涉信号的叠加，每个边带产生的干涉信号中都包含相位噪声 φ_N 和传感信号 φ_{s}。值得注意的是，各个边带的干涉信号之间存在相位差 $n\omega_{\mathrm{m}}\Delta t$。当该相位差不等于 2π 的整数倍时，各个边带的干涉信号不同步，干涉仪输出信号幅度下降。而如果满足匹配条件：

$$\omega_{\mathrm{m}}\Delta t = 2k\pi \tag{4.28}$$

其中 k 为整数，干涉仪输出信号为：

$$I = \left(2 \sum_n A_n^2 \right)(\cos(\varphi_N + \varphi_{\mathrm{s}} + \varphi_{\mathrm{m}})) \tag{4.29}$$

此时各个边带的光信号同相叠加，探测器总输出信号幅度最大。输出信号 I_s 的幅度受相位差 $n\omega_{\mathrm{m}}\Delta t$ 与边带能量分布 A_n^2 共同影响。其中相位差主要与调制频率 ω_{m} 和干涉仪两臂时延 Δt 有关，当干涉仪光程差一定时，该相位差随调制频率 ω_{m} 而变化。A_n^2 与光纤输出光谱的形状有关，而输出光谱由光纤中感应 MI 过程决定。信号幅度减小会导致系统信噪比下降，从而导致系统相位噪声增加(见式(3.41)和图 3.31)。为了抑制远程光纤水听器系统中的相位噪声，除了需要选择恰当的调制频率以尽量抑制自发 MI 的发生以外，还要调节调制频率使信号幅度处于较大值，以避免系统信噪比下降带来额外的相位噪声。

4.4.3 相干种子注入对远程光纤水听器系统相位噪声的抑制

上节从理论上分析了相干种子激发感应 MI 对远程光纤水听器系统的影响。结果显示，感应 MI 发生时，远程光纤水听器系统输出信号幅度与输出光谱边带功率 A_n^2 和相位差 $n\omega_{\mathrm{m}}\Delta t$ 有关。当满足匹配条件 $\omega_{\mathrm{m}}\Delta t = 2k\pi$ 时，信号幅度达到最大值，此时可以有效避免信噪比下降带来的额外相位噪声。本节将实验研究该方案对远程光纤水听器系统相位噪声的抑制作用，实验装置如图 4.29 所示。

由式(4.23)可知，当干涉仪光程差一定时，信号幅度随调制频率呈周期性变化。对于 2m 光程差的干涉仪而言，感应 MI 条件下相位噪声随调制频率的变化周期约为 150MHz。实验设置输入功率为 400mW，调制频率约 20GHz，边带相对功率约−10dB。在这种情况下，光纤中自发 MI 被有效抑制，50km 光纤输出光谱如

图 4.20(b)所示。调节相位调制频率在 20GHz 附近 150MHz 范围内变化，可以得到信号幅度随调制频率变化的一个完整周期，如图 4.30(a)所示。理论计算得到的信号幅度与实验测量结果基本吻合。系统相位噪声与调制频率的关系如图 4.30(b)所示。比较上下图可以看出，当调节调制频率使得输出信号幅度达到最大时，系统相位噪声达到最低值；而当输出信号幅度达到最小时，对应的系统相位噪声达到最高值。综合图 4.30 的数据，可以得出相位噪声与信号幅度的关系如图 4.31所示。可以看出，信号幅度越小，对应的系统相位噪声越大，与理论预测一致。

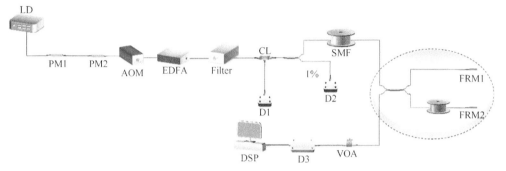

图 4.29 远程光纤水听器系统 MI 抑制实验装置

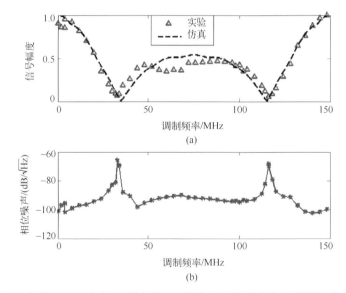

图 4.30 输出信号幅度与调制频率的关系(a)；相位噪声与调制频率的关系(b)

在充分抑制光纤中 SBS 的条件下，在光纤输入端利用相位调制产生频率 20GHz、相对功率−10dB 的对称边带以激发感应 MI，由于感应 MI 的竞争优势，光纤中的自发 MI 被有效抑制，在 20GHz 附近调节调制频率使得探测器输出信号幅度达到最大值，测得不同功率条件下的相位噪声如图 4.32 所示。可以看出，当输入脉冲峰值功率从约 50mW 增加至 800mW 的过程中，50km 光纤输入光相位噪声保持在约 $-105\text{dB}/\sqrt{\text{Hz}}$ 水平，说明输入功率增加过程中 EDFA 并没有带来明显噪声。未施加相位调制时，自发 MI 在 50km 光纤中显著发生。当输入功率从 50mW 增加到 800mW 的过程中，相位噪声从约 $-105\text{dB}/\sqrt{\text{Hz}}$ 增加至约 $-69\text{dB}/\sqrt{\text{Hz}}$，相位噪声增加幅度达 36dB。当施加相位调制激发光纤中感应 MI 时，相位噪声得到有效抑制。当输入功率达 800mW 时，系统相位噪声仍然低于 $-90\text{dB}/\sqrt{\text{Hz}}$（图 4.33）。相比未调制情况，相位噪声抑制幅度超过 21dB。

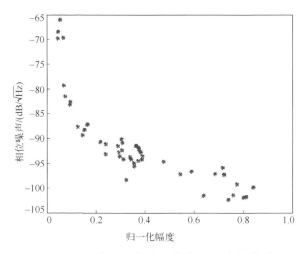

图 4.31　相位噪声与归一化信号幅度的关系

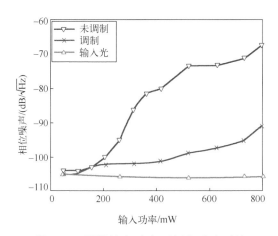

图 4.32　不同输入功率下相位噪声对比

第4章 远程光纤水听器系统调制不稳定性影响及抑制

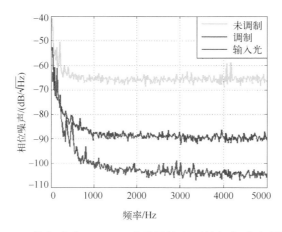

图 4.33 输入功率 800mW 时不同情况下的相位噪声频谱图

为了进一步抑制光纤中自发 MI 及其相位噪声,实验比较了不同调制情况下相位噪声随输入功率的变化情况,如图 4.34 所示。当不施加相位调制时,相位噪声随着 MI 的发生迅速增大。当施加相位调制时,相位噪声抑制效果与调制频率和边带功率有关。当调制频率为 28GHz、边带相对功率为 −10dB 时,输入功率 1W 时对应的相位噪声约 −89dB/$\sqrt{\text{Hz}}$,即在很高的输入功率下仍旧保持了较低的相位噪声水平。

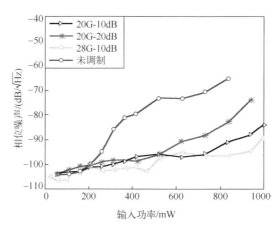

图 4.34 几种典型情况下相位噪声随输入功率的变化

综上所述,采用相干种子注入方案能有效抑制远程光纤水听器系统中由于自发 MI 导致的相位噪声,同时实现高输入功率和低相位噪声两个特点,从而显著提升系统传输距离和探测性能,对于实现远程光纤水听器系统的高灵敏度探测意义重大。

参 考 文 献

[1] Zakharov V E, Ostrovsky L A. Modulation instability: The beginning[J]. Physica D: Nonlinear Phenomena, 2009, 238(5): 540-548.

[2] Nikitin S P, Ulanovskiy P I, Kuzmenkov A I, et al. Influence of modulation instability on the operation of phase-sensitive optical time domain reflectometers[J]. Laser Physics, 2016, 26(10): 105106.

[3] Miyamoto Y, Kataoka T. 10Gbit/s, 280km nonrepeatered transmission with suppression of modulation instability[J]. Electronics Letters, 1994, 30(10): 797-798.

[4] Dinda P T, Millot G, Louis P. Simultaneous achievement of suppression of modulational instability and reduction of stimulated Raman scattering in optical fibers by orthogonal polarization pumping[J]. Journal of Optical Society of America B, 2000, 17(10): 1730-1739.

[5] Urricelqui J, Alem M, et al. Mitigation of modulation instability in Brillouin distributed fiber sensors by using orthogonal polarization pulses[C]. 24th International Conference on Optical Fibre Sensors, Curitiba, 2015.

[6] Soto M A, Alem M, et al. Mitigating modulation instability in Brillouin distributed fibre sensors[C]. Fifth European Workshop on Optical Fibre Sensors, Krakow, 2013.

[7] Ricchiuti A L, Barrera D, et al. Time and frequency pump-probe multiplexing to enhance the signal response of Brillouin optical time-domain analyzers [J]. Optics Express, 2014, 22(23): 28584-28595.

第5章

远程光纤水听器系统非线性效应综合分析

远程光纤水听器系统需要有效的光放大技术来补偿巨大的光传输损耗和阵列损耗，以保证当光信号到达光接收端时具有较高的光信噪比，从而实现低噪声光电信号检测。EDFA 和 FRA 等光放大技术能够有效实现光功率的提升，但光功率增大容易导致以 SBS 和 MI 为代表的非线性效应发生，这两种非线性效应将在远程光纤水听器系统中引入强度噪声和相位噪声，导致系统性能的极大恶化。因此，对于远程光纤水听器系统而言，需要对光放大结构进行综合设计，同时考虑 SBS 和 MI 的影响及其抑制方法，最终达到系统低相位噪声的要求。本章对远程光纤水听器系统非线性效应开展综合分析，首先介绍系统中各种光纤非线性效应的相互作用，然后分析拉曼光放大技术在系统中应用时引入的非线性问题，最后给出典型的远程光纤水听器应用系统。

5.1 远程光纤水听器系统多种非线性效应相互作用

在远程光纤水听器系统中，远程光纤传输过程中有时会出现多种非线性效应同时发生的情况。当这些非线性效应同时发生时，彼此之间会发生相互作用。研究这些非线性效应之间的相互作用关系有助于深入理解非线性效应物理机制，明确各种非线性效应对光纤水听器系统的影响。本节介绍 MI、SBS、SRS 之间的相互作用，并在实验中观测典型脉冲光在远程光纤传输时多种非线性效应的竞争现象。

远程光纤水听器系统非线性效应

5.1.1 远程光纤非线性效应相互作用测量

实验装置如图 5.1 所示。窄线宽激光器(~10kHz，1550nm)的输出光由 AOM 调制成矩形脉冲。光脉冲由扰偏器(PS)调制以避免偏振影响。低噪声脉冲 EDFA 用来放大脉冲光功率并控制远程光纤的输入功率。带宽 1nm 的窄带滤波器(NBF)用来滤除额外的 ASE 噪声。滤波后的光脉冲经环形器(CL)注入 50km 单模光纤(SMF)。前向输出光由光谱仪或功率计进行测量。1%的输入光进入探测器以监控输入光功率。后向布里渊散射光在 CL 后端利用光谱仪或功率计进行监测。

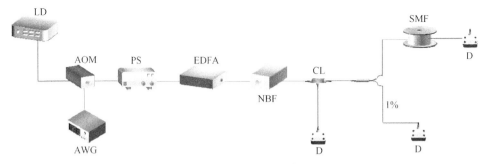

图 5.1 光纤非线性效应竞争关系测量实验装置

实验中光脉冲宽度设置为典型值 200ns。由于 MI 与 SRS 响应时间分别在 ps 与 fs 量级，而 SBS 响应时间约 10ns，在这种条件下，光脉冲宽度都明显大于非线性效应的响应时间，此时 MI、SRS 与 SBS 都处于准连续区。由于 SBS 阈值主要与平均光功率有关，故定义当后向散射功率达到输入功率 1%时对应的输入平均光功率为 SBS 阈值。典型的脉冲重复频率下后向散射功率随输入功率的变化关系如图 5.2 所示。当重复频率大于 200kHz 时，后向散射功率随输入功率的变化与重复频率无关，且当输入功率超过一定值后，后向散射功率随输入功率迅速增大，具有明显的阈值特性，此时 SBS 阈值约为 4.5mW，与连续光情况下的 SBS 阈值大致相等。当重复频率等于 100kHz，可以看到后向散射光功率随输入功率的增加变缓，SBS 阈值增加至约为 6.0mW。当重复频率继续下降时，SBS 阈值继续上升，后向散射功率增长变缓，且后向散射功率与输入功率不再呈现单调增长关系，后向散射功率曲线上甚至出现反常的拐点。以重复频率 70kHz 时的后向散射功率曲线为例，随着输入功率增加，后向散射功率首先线性增长，当输入功率超过 SBS 阈值(22.7mW)时，后向散射功率迅速增大。然而，当输入功率超过 28.4mW 时，后向散射功率呈现出下降趋势。而当输入功率继续增加到约 37mW 时，后向散射功率又重新呈现增大趋势。

对处于准连续区的 200ns 光脉冲而言，图 5.2 显示的结果有两处与经典 SBS

理论不符。一是当重复频率低于 200kHz 时，SBS 阈值随着重复频率下降而增大；二是当重复频率低于 100kHz 时，后向散射功率不再随输入功率呈单调增长关系，反而在曲线上出现两个拐点。下节将针对图 5.2 反映的现象进行具体分析。

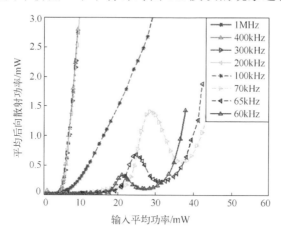

图 5.2　不同重复频率脉冲后向散射功率随输入功率的变化

5.1.2　MI 对 SBS 的抑制

首先分析 SBS 阈值随重复频率下降而增大的现象。现有的 SBS 模型认为，当脉冲宽度大于 100ns 时，SBS 过程主要由脉冲平均功率决定，且 SBS 平均阈值功率是一个常量。

在图 5.2 中，当重复频率大于 200kHz 时，SBS 阈值不变，但是当重复频率低至 100kHz 以下时，SBS 阈值随重复频率的下降而增大，这显然与经典理论预测结果不符。图 5.3 给出了相同输入平均功率情况下(7.2mW)不同重复频率对应的后向散射光谱图。可以看到，重复频率 200kHz 与 400kHz 对应的后向斯托克斯光功率大致相等；而当重复频率继续降低时，斯托克斯光功率随重复频率下降而减小，对应的 SBS 阈值增加。为了找到 SBS 阈值增加的原因，对比观察对应的前向输出光谱。考虑到此时的功率条件下 SRS 没有发生，重点关注 MI，其前向输出光谱如图 5.4 所示，可以看到重复频率较小时发生了明显的 MI 效应。究其原因，虽然输入平均功率相同约为 7.2mW，但是不同重复频率脉冲对应的峰值功率各不相同，400kHz、200kHz、75kHz 与 50kHz 重复频率的脉冲对应峰值功率分别约为 90mW、180mW、480mW 与 720mW。从图中可以看出，重复频率为 400kHz 时基本观察不到 MI 的发生；当重复频率为 200kHz 时，脉冲峰值功率已经接近 MI 阈值，中心频率两侧产生了微弱的 MI 边带，但此时 MI 边带功率很低；当重复频率等于 75kHz 与 50kHz 时，中心频率两侧出现明显的 MI 对称边带。由于 MI 的发生主要与峰值功率有关，重复频率越低，脉冲峰值功率越高，MI 导致的中心频率光功率损耗越大，MI 边带功率越高且带宽越宽。

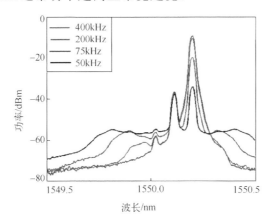

图 5.3　平均输入功率 7.2mW 时不同重复频率脉冲的后向光谱图

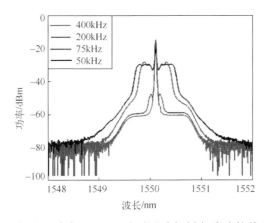

图 5.4　平均输入功率 7.2mW 时不同重复频率脉冲的前向光谱图

故 SBS 阈值增加的原因可以这样解释：当重复频率大于 200kHz 时，SBS 阈值 4.5mW 对应的峰值功率小于 180mW，故输入平均功率达到 SBS 阈值时 MI 还没有显著发生，此时 SBS 阈值不随重复频率变化。当重复频率低于 100kHz 时，SBS 阈值 4.5mW 对应的峰值功率大于 360mW，故 MI 在输入平均功率增加到 SBS 阈值之前就已经显著发生。MI 的发生大量消耗中心频率光功率，并将其能量转化到对称的 MI 边带上，使得光谱明显展宽。MI 对中心频率光功率的损耗导致峰值布里渊增益下降，MI 的展宽效应则使布里渊增益谱宽增大，最终导致 SBS 阈值升高。值得注意的是，脉冲重复频率越低，相同平均功率对应的峰值功率越大，MI 发生得越显著，MI 对 SBS 的抑制作用越明显，故 SBS 阈值随重复频率的下降而增大。

第5章 远程光纤水听器系统非线性效应综合分析

5.1.3 SBS 对 MI 的抑制

为了避免 SRS 的影响，将光纤输入功率控制在 1W 以下。以脉宽 200ns、重复频率 200kHz 的脉冲为例，实验研究 SBS 对 MI 的抑制作用。实验中，对单频输入光施加了 150MHz 相位调制产生三等幅边带，以实现对 SBS 的抑制。由于 150MHz 相比于 MI 增益带宽很窄，故该相位调制对 MI 的发生不产生影响。不施加该相位调制与施加相位调制时后向散射功率随输入功率的变化关系分别如图 5.5 蓝线与红线所示。当不施加相位调制时，SBS 阈值约为 4.5mW，与连续光 SBS 阈值相等；当施加相位调制产生三等幅边带时，理论上可以将 SBS 阈值提高至 13.5mW，但值得注意的是，当输入功率达到 30mW 时，后向散射功率仍然低于输入功率的 1%，可以认为 SBS 仍然没有发生，这是由于此时的理论 SBS 阈值 13.5mW 对应的峰值功率(337.5mW)已经超过 MI 阈值，MI 的发生进一步降低了光纤中布里渊增益，故 SBS 在输入平均功率高达 30mW 时仍然没有显著发生。

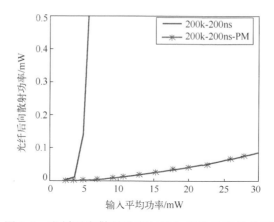

图 5.5 光纤后向散射功率与输入平均功率的关系

不施加与施加相位调制两种情况下中心频率光与 MI 边带光功率占总前向输出功率的比值随输入功率的变化结果如图 5.6 所示。定义 MI 阈值为 MI 边带功率占总功率 10%时对应的输入光脉冲峰值功率。可以看到当不施加相位调制时，MI 阈值约为 345mW。当施加相位调制产生 150MHz 三等幅边带时，光纤中 SBS 被有效抑制，MI 阈值下降为约 203mW。图 5.6 结果说明：当 SBS 发生时，光纤中 MI 被抑制，导致 MI 阈值增大。为了直观对比 SBS 发生对 MI 的影响，给出输入峰值功率分别为 400mW 和 600mW 时对应的前向输出光谱，如图 5.7 与图 5.8 所示。当施加相位调制抑制 SBS 后，MI 边带光功率相比未调制时明显增大，说明

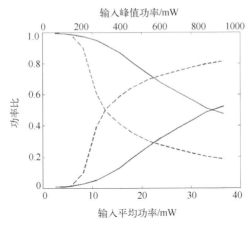

图 5.6　中心频率光(红)、MI 边带光功率(蓝)占总前向传输功率的比值随输入功率的变化(实线：未调制；虚线：调制)

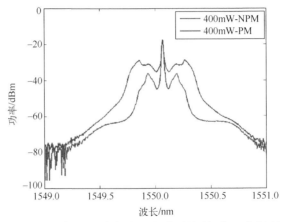

图 5.7　400mW 输入功率条件下前向输出光谱对比(红线：未调制；蓝线：调制)

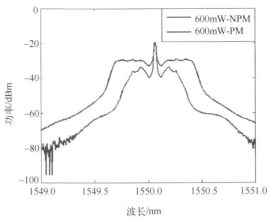

图 5.8　600mW 输入功率条件下前向输出光谱对比(红线：未调制；蓝线：调制)

未施加相位调制时的 SBS 对 MI 有一定的抑制作用。SBS 抑制 MI 的物理机制可以描述如下：当不施加相位调制时，SBS 先于 MI 发生，SBS 消耗大量的前向传输功率并转化为后向斯托克斯光，使得 MI 效应中起泵浦作用的前向传输功率严重下降，故 MI 效率下降，MI 阈值增大。当施加相位调制产生三等幅边带时，SBS 被有效抑制，SBS 对 MI 的影响可以忽略，故 MI 阈值降低至约 203mW。反过来，MI 的发生导致中心频率光能量向边带转化，消耗大量的中心频率光并展宽光谱，进一步降低了布里渊增益，导致 SBS 阈值进一步增加，甚至在输入平均功率超过 30mW 时仍然观察不到明显的 SBS 现象。

5.1.4　SBS、MI 与 SRS 之间的竞争

接下来讨论 5.1.1 节中提到的第二个问题，即关于后向散射功率曲线中出现的"拐点"问题。为了研究该拐点产生的原因，以脉宽 200ns、重复频率 70kHz 的脉冲为例，测量了中心频率光(蓝线)、MI 边带光(绿线)及拉曼斯托克斯光(红线)功率与前向输出总功率的比值，并将测量结果与后向散射功率的变化进行了对比，结果如图 5.9 所示。

为了方便描述各个过程的物理含义，将图 5.9 分为了四个区域。第一区域，输入平均功率 0～20mW(对应峰值功率 0～1.4W)。可以看出此时拉曼斯托克斯光占比小于 3%，SRS 没有显著发生；后向散射功率随输入功率近似呈线性增长，SBS 发生得也不明显；而 MI 边带功率迅速增大，故此时光纤中发生的非线性效应主要是 MI。20mW 平均功率明显大于 SBS 理论阈值(4～5mW)，但 SBS 没有明显发生，这是由 MI 对 SBS 的抑制作用导致的；1.4W 峰值功率也明显大于 SRS 理论阈值(约 700mW)，但 SRS 没有明显发生，这跟拉曼斯托克斯光与中心频率光之间的走离效应有关。第二区域，输入平均功率 20～27mW(对应峰值功率 1.4～1.9W)。该区域后向散射功率迅速增大，SBS 开始发生，同时 SRS 的影响也开始显现，MI 边带功率出现下降。SBS 的发生导致前向传输功率向后向散射功率转化，SRS 的发生导致中心频率光向拉曼斯托克斯光转化，两者共同导致 MI 边带功率下降。第三区域，输入平均功率 27～36mW(对应峰值功率 1.9～2.6W)。该区域后向散射功率曲线出现第一个拐点，后向散射光与 MI 边带光功率同时下降，拉曼斯托克斯光功率继续增长，这是由于 SRS 的发生导致大量前向传输光向拉曼斯托克斯光转化，导致 SBS 与 MI 的泵浦光被迅速消耗，故 SBS 与 MI 过程同时受到抑制。第四区域，输入平均功率大于 36mW(对应峰值功率 2.6W)。该区域后向散射功率曲线到达第二个拐点，拉曼斯托克斯光功率增速逐渐变缓，后向散射功率重新开始增大，而 MI 边带功率持续下降。这表明 SBS 在与 SRS 和 MI 的竞争中重新占据优势，而 MI 由于其泵浦光受到 SBS 与 SRS 的消耗持续下降。

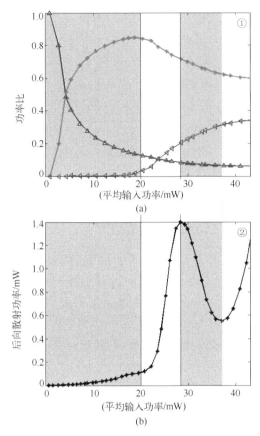

图 5.9　(a)中心频率光功率(蓝线)、MI 边带光功率(绿线)、
拉曼斯托克斯光功率(红线)与前向总输出功率的比值；(b)后向散射功率

5.1.5　远程光纤非线性效应相互作用讨论

从以上实验结果可以看出，SBS、MI 与 SRS 之间存在复杂的相互作用：当
SBS 显著发生时，大量前向传输功率转化为后向散射功率，前向传输功率的消耗
导致 MI 效率降低并增大 MI 阈值。当 MI 显著发生时，中心频率光功率向 MI 边
带转化，导致布里渊增益谱展宽及峰值布里渊增益的下降，从而导致 SBS 阈值升
高。而当脉冲峰值功率进一步增大至 SRS 阈值，SRS 发生并将大量传输光转化到
拉曼斯托克斯光，这种情况下 MI 与 SBS 同时受到 SRS 的抑制。

当多种非线性效应同时在光纤传感系统中发生时，将对各种光纤传感系统带
来显著影响，故需要对多种非线性效应的影响进行综合考虑。在远程光纤水听器
系统中，这三种非线性效应发生时都会带来大量的强度与相位噪声，都需要极力
避免，故在系统设计时必须综合考虑多种非线性效应的抑制问题，保证各种非线

性效应同时得到有效抑制。在利用 SBS 的光纤传感系统中，如远程 BOTDA、BOTDR 系统，需要考虑增强 SBS 效应以提高信噪比，同时避免其他非线性效应如 MI 与 SRS 的发生。在其他光纤系统中，也需要考虑非线性效应之间的相互作用，如在基于 SBS 的慢光系统中，MI 的发生限制了系统的增益-带宽积；而在光纤参量放大系统中，SBS 是系统增益的主要限制因素。

综上所述，多种非线性效应在远程光纤系统中可能同时发生，其相互作用机理值得认真研究，这不仅有助于进一步了解光纤中非线性效应的物理机制，还将对实际的远程光纤系统设计提供切实的帮助。本书主要关注远程光纤水听器系统中的非线性效应问题。由于 SRS 阈值远大于 MI 阈值，在当前典型输入功率水平下观察不到 SRS，即影响远程光纤水听器系统的主要非线性效应是 MI 与 SBS。故本书主要关注 SBS 与 MI 的抑制及相互作用关系。

5.2　远程光纤水听器系统拉曼光放大设计及非线性分析

远程光纤水听器系统通常使用光纤拉曼放大器增大传输距离，故本节主要介绍系统拉曼光放大的优化设计，以及采用拉曼光放大时的 SBS 和 MI 等非线性问题。

5.2.1　远程光纤水听器系统拉曼光放大优化设计

光纤水听器系统通常采用波分复用和时分复用技术实现大规模组阵，阵列复用技术必然带来光能量的大量损耗。因此，远程大规模光纤水听器阵列系统中光信号的远程传输损耗和复用成阵损耗非常大，需要光放大器以增大信号强度。由于采用了多波长的复用，要求光放大器具有增益带宽足够宽、各信道增益和信噪比足够大、各信道输出功率均衡等特点。采用多波长泵浦的分布式光纤拉曼放大器增益带宽可以达到 80nm 以上，满足系统对增益带宽的要求，但是通常增益平坦度不理想，这限制了其在系统中的应用。如果引入增益均衡器实现平坦增益，不仅增加系统的附加损耗，还会带来成本的提高。理论上，多泵浦波长的分布式光纤拉曼放大器通过合理选择泵浦光的数量、波长以及泵浦功率可改善增益谱，实现具有任意形状增益谱的光放大器。

光纤拉曼放大器进行优化设计，主要包括光纤拉曼放大器的增益平坦设计，以及对任意输入信号功率谱的输出功率谱平坦化设计。

1. 光纤放大器的增益平坦设计

光纤拉曼放大器的优化设计涉及泵浦数目、泵浦波长、泵浦功率等多个参数并且考虑到拉曼耦合方程组求解的复杂性，一般的线性优化算法难以满足要求。目前，常见的非线性优化设计算法有遗传算法[1]、模拟退火算法[2]、神经网络算法等[3]。通常优化过程中泵浦波长数目为 2~10，优化参数数目为 4~20，此时遗传算法是最为合适的。

遗传算法的本质是一种面向求解问题的高效并行全局搜索方法，它是由美国Michigan 大学的 J. Holland 教授于 1973 年首先提出的[1]。遗传算法的运算流程如下：首先随机产生均匀分布的初始种群，然后用适应度函数对初始种群的个体进行评价，如果适应度函数是收敛的，则可以输出最终的优化结果；如果不收敛，则对种群实施选择、交叉、变异算子，生成新一代群体，然后用适应度函数去评价新一代群体的个体，并将最优个体记录下来，实施最优保留策略，并用适应度大的个体代替适应度小的个体，再去判断适应度函数是否收敛。重复此过程直至适应度函数收敛，得到最终优化结果。

遗传算法有选择(Selection)、交叉(Crossover)和变异(Mutation)三个基本操作。

(1)选择。选择操作又称为复制(Reproduction)，是使用选择算子从当前的群体中选择出优良的个体产生新群体的过程。具体来讲就是根据各个个体的适应度函数值，适应度较高的个体更容易被遗传到下一代群体；适应度较低的个体更难被遗传到下一代群体。选择操作的原则体现了达尔文的适者生存原则，目的是避免优秀遗传信息丢失，提高计算效率和全局收敛性。比较常见的选择算子有轮盘赌选择、随机竞争选择、最佳保留选择、期望值选择、确定式选择、无回放余数随机选择以及排挤选择等。

(2)交叉。交叉操作又称为重组(Recombination)，是遗传算法中最为关键的遗传操作。通过交叉操作，产生了组合了父辈个体特性的新一代个体。具体来讲就是将群体内的各个个体随机搭配成对，然后以某个概率(称为交叉概率，Crossover Rate)交换它们之间的部分染色体，产生两个新个体。常见的交叉算子有单点交叉、多点交叉、均匀交叉以及算术交叉等。

(3)变异。变异操作是随机选择群体中的一个个体，然后以一定的概率(称为变异概率，Mutation Rate)随机用其他的等位基因来代替某一个或某一些基因值。变异为新个体的产生提供了机会，但是一般来说遗传算法的变异概率是很低的，这同生物界是一致的。

适应度函数也称为评价函数，是遗传算法搜索最优结果过程中的唯一依据。适应度函数的设计必须是合理的，一旦设计不当有可能导致遗传算法的欺骗问题。适应度函数的设计应满足以下条件：①单值、非负、连续、最大化；②合理、一致性；③计算量小；④通用性强。

由描述光纤拉曼放大过程的耦合微分方程组可知，信号光与泵浦光、信号光

第 **5** 章 远程光纤水听器系统非线性效应综合分析

之间以及泵浦光之间均存在着拉曼散射作用，因此光纤拉曼放大器需要根据具体的信号输入以及对信号输出的要求来进行优化设计工作，这无疑给光纤拉曼放大器的增益平坦设计增加了难度。在本节的增益优化设计过程中，采用的是忽略了自发拉曼散射和瑞利散射的耦合方程组，这是因为噪声效应对光纤拉曼放大器的增益特性影响较小，可以大大减少优化设计的工作量。

假设优化目标是各信道的目标净增益为 G_{net}、不同信道之间的增益波动小于 ΔG，则可定义如下所示的适应度函数：

$$F \equiv \max \left\{ \left| G_{net,i} - G_{net} \right|_{max}, \left| \Delta G_{act} - \Delta G \right| \right\} \tag{5.1}$$

式中，$G_{net,i}$ 表示 i 信道的实际净增益，ΔG_{act} 表示信道之间的实际增益波动。遗传算法的目标就是得到使适应度目标函数 F 最小的泵浦波长和泵浦功率。

若直接以泵浦光的波长和泵浦功率即 $\{ \lambda_{pj}, P_j \}$ 为优化参数，用遗传算法优化时，种群的每一个个体都需要数值求解耦合方程组来得出适应度函数值，这将会耗费大量的时间。为了加快遗传算法的速度，将耦合方程组两边在 0 到 L 上积分可得：

$$\frac{P_i^\pm(L)}{P_i^\pm(0)} = \exp(\mp \alpha_i L) \exp\left[\pm \sum_j^{v_j > v_i} \frac{g_R(v_j, v_i)}{K_{eff} A_{eff}} \int_0^L (P_j^+ + P_j^-) dz \right.$$
$$\left. \mp \sum_j^{v_j < v_i} \frac{v_i}{v_j} \frac{g_R(v_i, v_j)}{K_{eff} A_{eff}} \int_0^L (P_j^+ + P_j^-) dz \right] \tag{5.2}$$

定义功率积分 $I_j^\pm$ 为：

$$I_j^\pm = \int_0^L P_j^\pm dz \tag{5.3}$$

式 (5.2) 可以进一步转换为：

$$\frac{P_i^\pm(L)}{P_i^\pm(0)} = \exp(\mp \alpha_i L) \exp\left[\pm \sum_j g_{ji} (I_j^+ + I_j^-) \right] \tag{5.4}$$

其中：

$$g_{ji} = \begin{cases} \dfrac{g_R(v_j, v_i)}{K_{eff} A_{eff}}, & v_j > v_i \\[3mm] -\dfrac{g_R(v_i, v_j)}{K_{eff} A_{eff}}, & v_j < v_i \end{cases} \tag{5.5}$$

以后向拉曼泵浦为例，讨论分析多波长光纤拉曼放大的增益平坦设计，前向泵浦和双向泵浦也可以用类似的方法进行增益平坦设计。假设 $i = 1, 2, \cdots, n$ 时，P_i 为沿 $-z$ 方向传播的信号通道，$i = n+1, n+2, \cdots, n+m$ 时，P_i 为沿 $+z$ 方向传播的泵浦通道。由式(5.4)可知每个信号通道($i = 1, 2, \cdots, n$)的净增益可以表示为：

$$G_i \equiv \frac{P_i(0)}{P_i(L)} = \exp(-\alpha_i L) \exp\left(\sum_{j=1}^{n} g_{ji} I_j\right) \exp\left(\sum_{j=n+1}^{n+m} g_{ji} I_j\right) \tag{5.6}$$

$$= G_{\text{loss}} G_{\text{signal}} G_{\text{pump}}$$

式中，G_{loss} 表示光纤的损耗项，G_{signal} 表示信道之间的拉曼作用项，G_{pump} 表示泵浦光的拉曼增益项。如果假设 G_{loss} 和 G_{signal} 均为已知的，那么泵浦光的波长和功率积分 $\{\lambda_{\text{pj}}, I_j\}$ 是优化参量。只需要从式(5.6)出发，采用遗传算法便可以得到最优化的泵浦光波长和对应的功率积分，这样在遗传算法的计算过程中便可以避免直接求解，这将大大缩短计算时间，使得可以适当选择充分大的种群数量以提高遗传算法的精度。具体的计算步骤如下：

(1)首先假设 G_{loss} 和 G_{signal} 均为已知的，G_{signal} 取不存在拉曼泵浦光时的值；

(2)采用遗传算法求出最优化的泵浦波长和对应的功率积分 $\{\lambda_{\text{pj}}, I_j^*\}$；

(3)采用迭代法求出与 I_j^* 对应的泵浦功率 P_j^*，具体求解过程为：首先给出泵浦功率的猜测值，然后用数值计算方法对耦合方程组进行求解，进而可以得到对应的泵浦功率积分 I_j，然后将 I_j 的值与最优化的结果 I_j^* 进行比对，调整泵浦功率的初值，重复计算过程直至精度达到要求，便可以初步求出与最优化结果 $\{\lambda_{\text{pj}}, I_j^*\}$ 对应的泵浦功率值 P_j^*，并可以进一步求出此时的 G_{signal} 的值，对步骤(1)中 G_{signal} 的值做出更新；

(4)重复过程(1)~(3)，直到相邻两次计算的 G_{signal} 的误差满足精度要求，得到最终的最优化的 $\{\lambda_{\text{pj}}, P_j^*\}$。

由于信号光之间的拉曼作用是微弱的，对泵浦功率的影响不大，因此上面所说的关于 G_{signal} 的迭代过程很快便可以收敛，一般只需要三到五步。

对于泵浦波长不固定的情形，在优化设计时，可以合理选择泵浦光的波长以及泵浦光的功率来实现光纤拉曼放大器的最优化设计。优化设计时的参数设定：传输光纤长度为 100km，信道频率为 191.6~195.9THz，信道间隔为 100GHz，信道数目为 44，信号光的入射功率为 -10dBm/ch，信号的目标净增益设为 0dB。分别对泵浦数目为 4、6、8 和 10 的情形进行优化设计，最终得到的泵浦光的功率谱和信号光的输出光谱如图 5.10 所示。

由图 5.10 可知，4 个泵浦光的情况下，信号输出谱的波动为 1.90dB；6 个泵浦光的情况下，信号输出谱的波动为 1.14dB；8 个泵浦光的情况下，信号输出谱的波动为 1.00dB；10 个泵浦光的情况下，信号输出谱的波动为 0.35dB。随着泵浦光个数的增加，得到的最优化的信号输出谱波动变小，这与前面的理论分析是一致的。

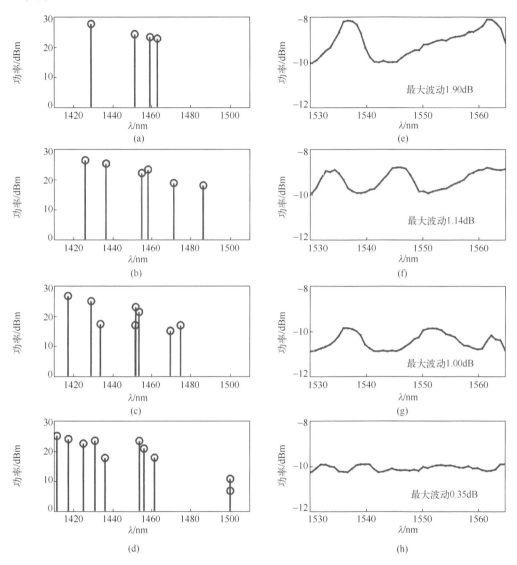

图 5.10　泵浦波长不固定的优化结果：(a)～(d)是泵浦数目分别为 4、6、8、10 时最优化的泵浦功率谱，(e)～(h)是与之对应的输出信号光谱

前文对光纤拉曼放大器的优化是对泵浦波长和泵浦功率同时进行优化。由图 5.10 给出的优化结果可以发现，最终给出的泵浦波长是很随机的，一些泵浦波长可能在实际应用中难以实现。相比于同时优化泵浦波长和泵浦功率，更为实用

的是根据实际系统已有的泵源情况，利用优化算法找出最优的各个泵源的功率配置来达到最优的增益平坦结果。因此继续进行固定泵浦波长、只对泵浦功率进行优化的工作。同样分别做了 4、6、8、10 个泵浦源的优化设计，泵浦源的波长等间距分布，具体取值和优化的输入功率如图 5.11(a)～(d) 所示，与之对应的信号输出光谱如图 5.11(e)～(h) 所示。

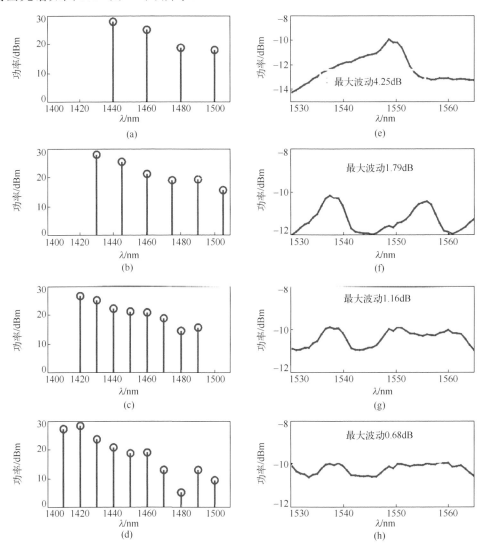

图 5.11　泵浦波长固定的优化结果：(a)～(d) 是泵浦数目分别为 4、6、8、10 时最优化的泵浦功率谱，(e)～(h) 是与之对应的输出信号光谱

由图 5.11 可知，泵浦波长固定的情形下，4 个泵源时最优化的不同信道输出

第5章 远程光纤水听器系统非线性效应综合分析

功率波动为 4.25dB；6 个泵源时最优化的不同信道输出功率波动为 1.79dB；8 个泵源时最优化的不同信道输出功率波动为 1.16dB；10 个泵源时最优化的不同信道输出功率波动为 0.68dB。不同信道的输出功率波动同样是随着泵浦数目的增加而减少，并且当泵源个数大于 6 时，已经具有很好的优化结果。

泵浦波长固定（等间距分布）和泵浦波长不固定情形下的最优输出信号功率波动对比结果如表 5.1 所示。由表 5.1 可知，当泵浦源个数小于 4 的时候，泵浦波长不固定的情形下的最优化结果要明显优于泵浦波长等间距分布的情形。当泵浦源个数大于 6 的时候，采取泵浦波长等间距分布优化泵浦功率的结果基本可以达到泵浦波长不固定时同时优化泵浦波长和泵浦功率的水平，这对于实际光纤拉曼放大系统的最优化设计提供了重要的参考意见。

表 5.1 泵浦波长固定与不固定的最优输出信号功率波动对比

泵源数目	波长不固定	波长等间距分布
4	1.90dB	4.25dB
6	1.14dB	1.79dB
8	1.00dB	1.16dB
10	0.35dB	0.68dB

2. 任意输入信号谱的平坦输出光纤放大器设计

上节中讨论的是针对各信道输入功率相同时光纤拉曼放大器的增益平坦设计，在一些具体应用中，各信道的输入功率是不相同的。比如光纤水听器系统中，探头阵列的输出信号作为上行光的输入，不同波长信道的功率是不同的。为了保证干端光电探测器处各信道的功率一致性，同样需要对后向光纤拉曼放大器进行优化设计。优化设计的算法与上节一致，唯一不同的是输入的信号光功率不再相同，最终优化的目标仍然是输出信号的功率和平坦度均需满足系统要求。

优化参数设定如下：传输光纤长度为 100km；泵浦光和信号光的传播方向相反；信道波长为 1534.2～1558.1nm，信道间隔为 200GHz，共 16 个信道，不同信道的输入功率是随机波动的，平均功率水平为 −20dBm，不同信道的最大功率差（Maximum Power Difference，MPD）取值为 0.5～7dB，步长为 0.5dB；信号的目标净增益设为 0dB。

分别对固定泵浦波长和不固定泵浦波长两种情形做了优化设计，泵浦数目为 2、4、6、8。对于固定波长的情形，泵浦波长的选取如表 5.2 所示，对于不固定泵浦波长的情形，泵浦波长的取值范围为 1410～1500nm。图 5.12 给出了两种情形下不同泵浦光数目下最优化的输出信号 MPD 随输入信号 MPD 的变化规律图。

由于具有相同最大功率差但输入信号谱不同的输入信号可能会得到不同的优化结果，在仿真中每个信道的功率是在−20dBm 附近按照最大功率差随机生成的，对于每一个特定的输入信号最大功率差，进行了 10 次不同输入信号谱的优化设计工作，图 5.12 给出的是这 10 次优化设计的平均结果。图 5.12(a)给出的是固定泵浦波长的结果，图 5.12(b)给出的是不固定泵浦波长的结果。

表 5.2　泵浦波长固定情况下的泵浦波长

泵浦数目	泵浦波长/nm							
2	1440	1455						
4	1430	1435	1455	1465				
6	1430	1435	1440	1445	1455	1465		
8	1425	1430	1435	1440	1445	1455	1465	1470

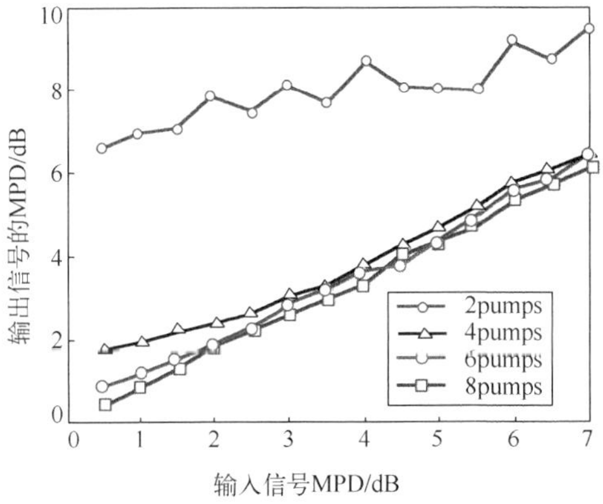

(a) 固定波长情况 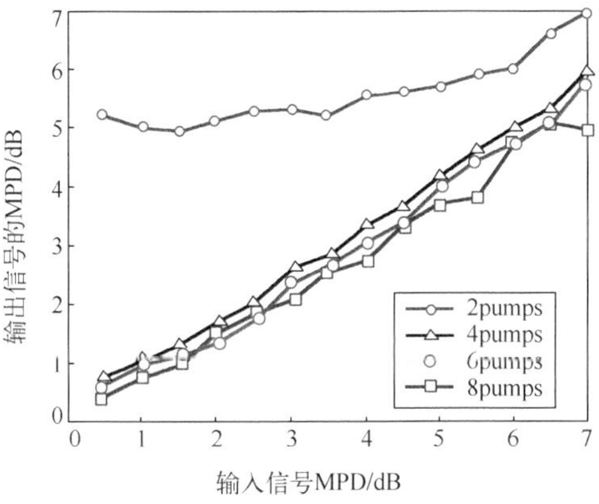　　　　　　　　　　(b) 波长可变情况

图 5.12　输出信号的最大功率差和输入信号的最大功率差的关系图

由图 5.12 可知，泵浦光的数目越多，两种情形下输出信号的功率谱均是越平坦。对于泵浦数目只有 2 个的情况下，无论是泵浦波长固定的情形还是泵浦波长可变的情形，最优化结果都不是很理想。这是因为对于输入信号来讲，两个泵浦光可以提供的增益带宽是远远不够的，很难达到输出信号功率较为平坦的结果。对于泵浦光数目为 4、6 和 8 的情形来说，最优化的输出信号最大功率差随着输入信号最大功率差的增大而增大，这说明输入信号越平坦，最优化的输出信号也会越平坦，并且最优化输出信号的最大功率差是低于输入信号最大功率差的。为了进一步研究固定泵浦波长和不固定泵浦波长两种情形的不同，对两种情形下的结果做了进一步对比。

图 5.13 给出的是 8 个泵浦光时，固定泵浦波长和泵浦波长可变两种情形下的

最优化输出信号最大功率差的对比图。由图 5.13 可知，当输入信号最大功率差小于 1dB 的时候，两种情形下的优化结果几乎是相同的，此时最优化的结果更受限于泵浦光的个数，只有进一步增加泵浦光的个数才能使输出信号谱更加平坦。当输入信号最大功率差进一步增大时，两种情形下的优化结果开始变得不同，泵浦波长可变的输出信号最大功率差小于固定泵浦波长的输出信号最大功率差，这表明泵浦波长可变的优化结果比固定泵浦波长的优化结果要好。泵浦波长不固定的优化过程是同时搜索最优化的泵浦波长和与之对应的泵浦功率，泵浦波长固定给出的优化结果可能是属于泵浦波长不固定的优化过程的其中一种结果，但并不一定是最优化的，因此泵浦波长不固定的优化算法可以得出更好的结果。但针对特定的系统，最优化算法给出的泵浦波长可能是现实不具备的，因此针对已有的泵浦源做最优化工作更具有实际意义。

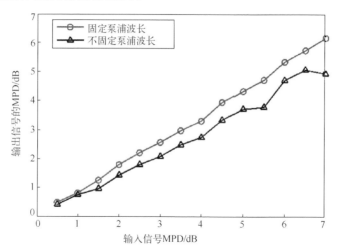

图 5.13　8 个泵浦光时两种情形的输出信号最大功率差对比图

图 5.14 给出的是 8 个泵浦光情况下的输入和最优化的输出信号功率谱，优化过程中泵浦波长是不固定的。(a)、(b)、(c)、(d) 分别对应输入信号最大功率差为 1dB、2dB、3dB 和 4dB 的结果，对应的最优化的泵浦波长和泵浦功率如图 5.15 所示。由图 5.14 可知四种情形下的输出信号的最大功率差相比于输入信号光分别减小了 0.44dB、0.85dB、1.55dB 和 1.85dB。

使用如图 5.16 所示的实验系统以验证优化设计算法的可行性。信号光源 (Signals) 由 8 个不同波长的窄线宽半导体激光器组成，波长为 1534.2nm 到 1558.1nm，相邻波长的激光器波长差为 400GHz。信号光由可调衰减器 (VOA) 调整输入功率，经波分复用器 (WDM) 注入长度为 49.35km 的测试光纤 (FUT)，拉曼

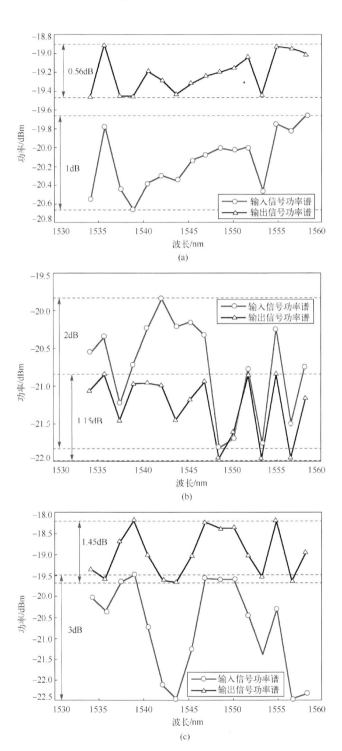

(a)

(b)

(c)

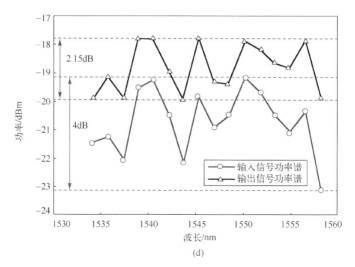

图 5.14   8 个泵浦光情况下的输入和输出信号功率谱

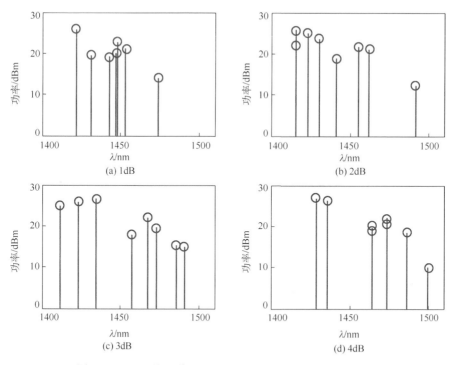

图 5.15   不同输入信号最大功率差的最优化泵浦功率谱

泵浦由波长分别为 1440nm 和 1455nm 的高功率半导体激光器构成，泵浦方式为后向泵浦。光谱仪(OSA)用于记录输入和输出信号光的光谱。

输入的信号光谱如图 5.17 所示，由于光谱仪给出的只是功率的相对值，需要利用光功率计对光谱进行标定。图 5.17 中红色空心圆圈标记代表标定后的每个信道的实际光功率，输入信号光的最大功率差为 7.67dB。采用泵浦波长固定情形下的优化算法，信号光的目标增益设为 0dB。对于波长分别为 1440nm 和 1455nm 的泵浦光，优化设计算法给出的最优化的泵浦功率分别为 26.05dBm 和 16.67dBm。

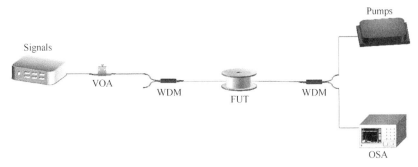

图 5.16　拉曼放大的波分复用系统实验装置图

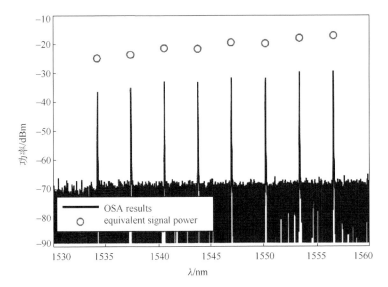

图 5.17　输入信号光光谱

图 5.18 给出了按照优化结果设定泵浦光的功率时系统的输出信号光谱和仿真的输出信号光谱，红色空心圆圈标记代表利用光功率计标定过的各信道的实际输出功率，蓝色米字标记代表数值仿真得到的各信道的输出功率。由图 5.18 可知，数值仿真结果和实验结果吻合很好。输出信号的最大功率差为 5.88dB，相比于输入信号降低了 1.79dB。然而由图 5.12 给出的仿真结果可知，如果泵浦波长固定为 1440nm 和 1455nm，当输入信号最大功率差约 7dB 时得到的最优化输出信号最

大功率差约为 9dB，比实验测得的结果大。这是因为图 5.12 给出的结果是 10 次不同输入信号谱的优化计算的平均结果，事实上在 10 次的计算中，当输入信号最大功率差为 7dB 时，得到的输出信号最大功率差最小值为 4dB，优于实验结果。

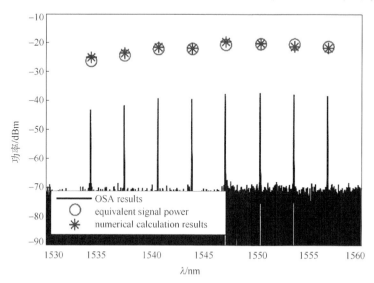

图 5.18　输出信号光光谱

3. 光纤水听器系统平坦信号输出的自动反馈控制

对一个处于工作状态的远程大规模光纤水听器系统而言，尽管可以按照前面给出的优化设计算法合理设计光放大器使得光纤水听器系统的最终输出信号是平坦的，但由于光纤水听器阵列所处的海洋环境十分复杂，长时间工作时阵列入射到上行光纤输入端的光信号会发生变化。输入光信号功率谱的改变意味着预先设定好的拉曼泵浦源的状态已经不能使最终的输出信号光处于最平坦状态。因此，需要根据输入光谱的改变实时校正拉曼泵浦光的功率使得最终输出信号处于最优状态。

采用了混合光放大技术的远程大规模光纤水听器系统如图 5.19 所示，系统包括三个模块即光发射模块、光电信号处理模块、水听器阵列和传输光纤即上行光纤和下行光纤。

光纤水听器系统平坦信号输出的自动反馈控制流程如图 5.20 所示。首先采用前面介绍的光纤拉曼放大器的优化设计算法对系统采用的拉曼泵浦源做出最佳状态设定，此时光电信号处理模块接收到的不同信道的光信号功率和最大功率差是满足系统要求的。当水听器阵列的输出光信号(即入射到上行光纤的信号功率)受周围环境影响发生波动时，可以根据光电信号处理模块探测到的各信道的输出功

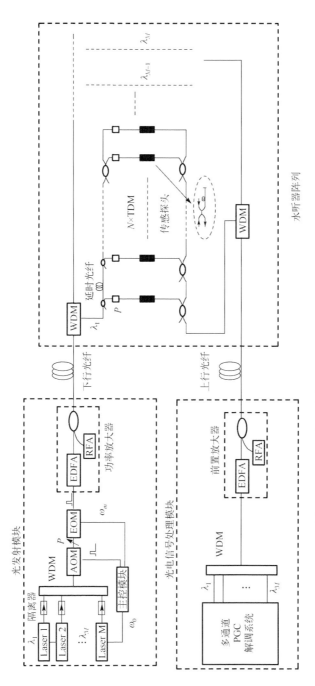

图 5.19　基于混合光放大的远程大规模光纤水听器系统示意图

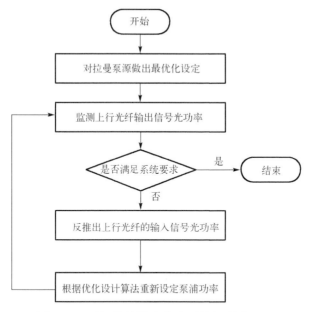

图 5.20 平坦信号输出自动反馈控制流程图

率反推出此时水听器阵列的各信道输出功率，然后根据优化设计算法重新对拉曼泵浦源的功率做出最佳设定，确保光电信号处理模块接收到的各信道光功率是平坦的。

5.2.2 拉曼光放大系统中的 SBS

1. 理论模型

当有拉曼泵浦光存在的时候，不考虑声波场瞬时响应过程的 SBS 振幅耦合方程组需要修正为[4]：

$$
\frac{\partial A_{\mathrm{s}}^{\pm}}{\partial z} + \frac{1}{v_{\mathrm{g}}}\frac{\partial A_{\mathrm{s}}^{\pm}}{\partial t} = \mp\frac{\alpha_{\mathrm{s}}}{2}A_{\mathrm{s}}^{\pm} \pm i\gamma_{\mathrm{s}}\left[\left|A_{\mathrm{s}}^{\pm}\right|^{2} + 2\left|A_{\mathrm{s}}^{\mp}\right|^{2} + (2+\delta_{\mathrm{R}}-f_{\mathrm{R}})\left(\left|A_{\mathrm{R}}^{+}\right|^{2}+\left|A_{\mathrm{R}}^{-}\right|^{2}\right)\right]A_{\mathrm{s}}^{\pm}
$$
$$
-\frac{\kappa_{1}\kappa_{2}}{\frac{1}{2}\Gamma_{\mathrm{B}}\pm i\Delta\Omega}\left|A_{\mathrm{s}}^{\mp}\right|^{2}A_{\mathrm{s}}^{\pm} \pm \frac{g_{\mathrm{R}}}{2}\left(\left|A_{\mathrm{R}}^{+}\right|^{2}+\left|A_{\mathrm{R}}^{-}\right|^{2}\right)A_{\mathrm{s}}^{\pm}
$$

(5.7)

$$
\frac{\partial A_{\mathrm{R}}^{\pm}}{\partial z} \pm \frac{1}{v_{\mathrm{g}}}\frac{\partial A_{\mathrm{R}}^{\pm}}{\partial t} = \mp\frac{\alpha_{\mathrm{R}}}{2}A_{\mathrm{R}}^{\pm} \pm i\gamma_{\mathrm{R}}\left[\left|A_{\mathrm{R}}^{\pm}\right|^{2} + 2\left|A_{\mathrm{R}}^{\mp}\right|^{2} + (2+\delta_{\mathrm{R}}-f_{\mathrm{R}})\left(\left|A_{\mathrm{s}}^{+}\right|^{2}+\left|A_{\mathrm{s}}^{-}\right|^{2}\right)\right]A_{\mathrm{R}}^{\pm}
$$
$$
\mp\frac{g_{\mathrm{R}}}{2}\frac{\lambda_{\mathrm{s}}}{\lambda_{\mathrm{R}}}A_{\mathrm{R}}^{\pm}\left(\left|A_{\mathrm{s}}^{+}\right|^{2}+\left|A_{\mathrm{s}}^{-}\right|^{2}\right)
$$

(5.8)

169

式中，上标"+"和"−"表示光波的传输方向，分别表示正向和反向传输，下标"s"表示光波是拉曼信号光/布里渊泵浦光，下标"R"表示光波是拉曼泵浦光。即 A_s^+ 和 A_R^+ 分别表示正向传输的布里渊泵浦光和拉曼泵浦光的慢变振幅，A_s^- 和 A_R^- 分别表示反向传输的布里渊信号光/布里渊斯托克斯光和拉曼泵浦光的慢变振幅；λ_s 表示拉曼信号光的波长，λ_R 表示拉曼泵浦光的波长，α_s 和 α_R 分别表示拉曼信号光和拉曼泵浦光的损耗系数，γ_s 和 γ_R 分别表示拉曼信号光和拉曼泵浦光的光纤非线性系数，g_R 表示拉曼增益系数。

2. 数值仿真

采用并行双向四阶亚当斯预测-校正算法对光纤拉曼放大系统中 SBS 振幅耦合方程组进行数值仿真计算，具体的仿真参数设置如下，布里渊泵浦光波长1550nm，拉曼泵浦光波长 1450nm，传输光纤长度 100km。

图 5.21 和图 5.22 分别给出同向拉曼泵浦时，不同拉曼泵浦功率下的布里渊斯托克斯光和布里渊泵浦光的输出功率随布里渊泵浦光输入功率的关系图。定义 SBS 阈值为布里渊斯托克斯光功率占布里渊泵浦光功率 1%时的布里渊泵浦光功率。由图 5.21 可知，拉曼泵浦光可以降低 SBS 阈值，并且拉曼泵浦光功率越大，SBS 阈值越低；当达到 SBS 阈值时，增大输入信号光功率并不能使得输出信号光功率增大，增大拉曼泵浦光功率会使输出信号光功率在一定程度上增大，但同时布里渊斯托克斯光的功率也会进一步增大。

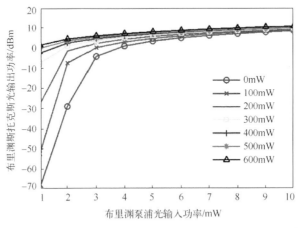

图 5.21　同向拉曼泵浦下布里渊斯托克斯光输出功率与布里渊泵浦光输入功率关系图

图 5.24 分别给出反向拉曼泵浦情况时，不同拉曼泵浦功率下的布里渊斯托克斯光和布里渊泵浦光的输出功率随布里渊泵浦光输入功率的关系图。由图 5.23 和图 5.24 可以看出，反向拉曼泵浦光对 SBS 阈值影响很小，即 SBS 对后向拉曼放

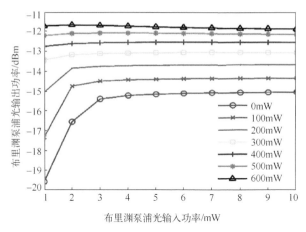

图 5.22　同向拉曼泵浦下布里渊泵浦光的输出与输入功率关系图

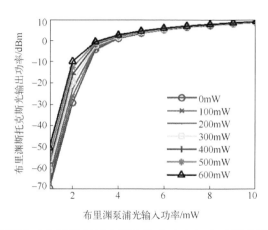

图 5.23　反向拉曼泵浦下布里渊斯托克斯光输出功率与布里渊泵浦光输入功率关系图

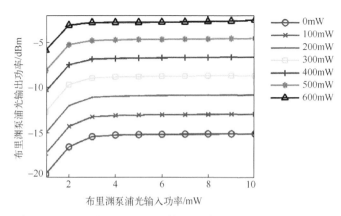

图 5.24　反向拉曼泵浦下布里渊泵浦光输出功率与布里渊泵浦光输入功率关系图

大增益特性影响很小。这是由反向拉曼放大的泵浦机制决定的，即在光纤输入端信号光功率最大，但此时泵浦光功率经长距离光纤损耗已经变得很微弱，对信号光的拉曼增益基本可以忽略，故后向拉曼泵浦对光纤 SBS 的影响基本可以忽略。

图 5.25 给出的是在 400mW 正向拉曼泵浦、不同的布里渊泵浦光输入功率时，布里渊斯托克斯光和布里渊泵浦光的输出功率随时间的演化规律。由于拉曼增益的作用，SBS 弛豫振荡现象得到一定程度的增强，但几个周期后同样会趋于一个稳定值。在 400mW 同向泵浦时，布里渊泵浦光的能量已经绝大部分转移到斯托克斯光，此时不同布里渊泵浦光输入功率对应的布里渊泵浦光输出功率基本相同，并不会随着布里渊泵浦光输入功率的增大而增大。但是，布里渊斯托克斯光的输出功率会随着布里渊泵浦光输入功率的增大而增大。

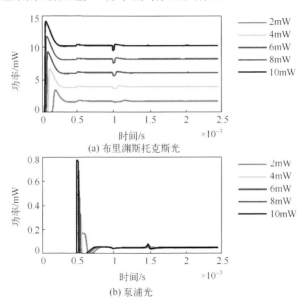

图 5.25　400mW 正向拉曼泵浦时布里渊斯托克斯光和泵浦光的输出功率随时间的演化规律

3. 实验研究

在光纤拉曼放大系统中，由于拉曼泵浦光带来的分布式增益，SBS 阈值会降低。由阈值公式可以看出，增大光纤的有效模场面积、减小光纤有效长度、改变布里渊泵浦光偏振特性、增加布里渊泵浦光线宽以及减小光纤的布里渊峰值增益，都可以增大光纤中 SBS 阈值，抑制 SBS 的发生。如第 3 章所述，相位调制是一种操作方便、效率较高的 SBS 抑制方案。

第5章 远程光纤水听器系统非线性效应综合分析

采用相位调制技术对光纤拉曼放大系统中的 SBS 抑制进行了初步研究，实验装置如图 5.26 所示。实验中采用的信号光源为窄线宽单频激光器(LD)，中心波长为 1550nm，线宽小于 10kHz，该信号光经相位调制器(PM)调制后变成多频激光，该多频激光经掺铒光纤放大器(EDFA)放大后由可调衰减器(VOA)控制输入功率的大小，由 1 : 99 的耦合器分出 1%的光作为信号监测光，99%的信号光经环形器(CIR)、波分复用器(WDM)进入 100km 单模光纤，在环形器的 3 端口测量后向散射光功率，在光纤的末端测量信号光的输出光功率，中心波长为 1450nm 的拉曼泵源可以对该信号光分别进行前向、后向或者双向的分布式拉曼放大。

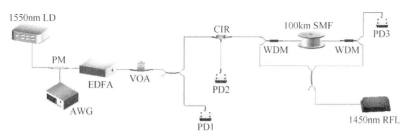

图 5.26 拉曼光放大情况下相位调制抑制 SBS 实验装置

图 5.27(a)给出了实验测得的不同泵浦机制下信号光的开关增益随信号光的入射光功率的变化规律，(b)给出了不考虑 SBS 时仿真得到的不同泵浦机制下信号光的开关增益随信号光的入射光功率的变化规律，FP 表示前向拉曼泵浦，BP 表示后向拉曼泵浦。对比两图结果可以发现，当只有后向泵浦光的时候，实验测得的结果和未考虑 SBS 的仿真结果基本一致，这说明此情况下几乎没有发生

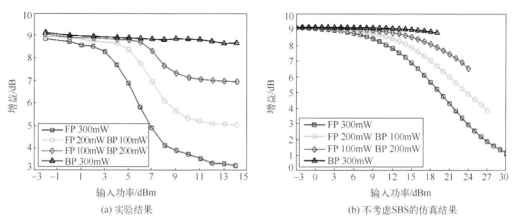

(a) 实验结果

(b) 不考虑SBS的仿真结果

图 5.27 不同泵浦机制下开关增益随信号光入射功率的变化

SBS。其他三种泵浦机制均发生了由于 SBS 带来的增益饱和效应，并且在总泵浦功率相同的前提下，前向拉曼泵浦光功率越大，增益饱和在更低的输入信号光功率处发生。

图 5.28 和图 5.29 给出了 300mW 前向拉曼放大条件下相位调制对 SBS 的抑制作用实验结果。图 5.28 是固定相位调制频率，研究相位调制幅度的影响。相位调制幅度的增大意味着边带光功率的增强，SBS 阈值增加。由图 5.28(a) 可知，相位调制的幅度越大，拉曼放大的增益饱和功率越大，并逐渐趋近于不考虑 SBS 的理论值，这意味着 SBS 带来的增益饱和效应变弱。图 5.28(b) 给出了不同相位调制幅度下，信号光输入功率为 6dBm 时的后向散射光谱。由光谱图可知布里渊斯托克斯光的功率随着相位调制幅度的增大而显著减小，进一步说明相位调制对 SBS 的抑制作用。

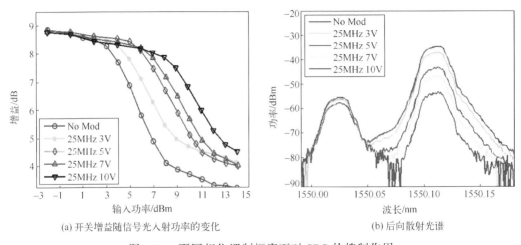

(a) 开关增益随信号光入射功率的变化　　　　　(b) 后向散射光谱

图 5.28　不同相位调制幅度下对 SBS 的抑制作用

图 5.29 是固定相位调制幅度，研究相位调制频率的影响。相位调制频率的增大意味着边带光和中心频率光频差增大，SBS 阈值同样增加。由图 5.29(a) 可知，相位调制频率越大，拉曼放大的增益饱和功率越大，并逐渐趋近于不考虑 SBS 的理论值，这同样意味着 SBS 带来的增益饱和效应变弱。图 5.29(b) 给出了不同相位调制频率下，信号光输入功率为 6dBm 时的后向散射光谱。由光谱图可知布里渊斯托克斯光的功率随着相位调制频率的增大而显著减小，进一步说明相位调制对 SBS 的抑制作用。

综上所述，合理选择相位调制的幅度和频率，可以很好地抑制光纤拉曼放大系统中的 SBS。

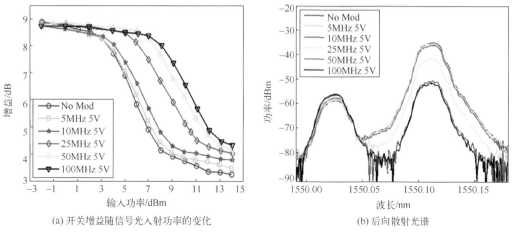

(a) 开关增益随信号光入射功率的变化　　　　　　　(b) 后向散射光谱

图 5.29　不同相位调制频率下对 SBS 的抑制作用

5.2.3　拉曼光放大系统中的 MI

1. 理论模型

对于采用了光纤拉曼放大的光纤传输系统，脉冲的传输过程应该由下列耦合振幅方程组描述[5]：

$$\frac{\partial A_{\mathrm{p}}}{\partial z}+\frac{1}{\upsilon_{\mathrm{gp}}}\frac{\partial A_{\mathrm{p}}}{\partial t}+\frac{i\beta_{2\mathrm{p}}}{2}\frac{\partial^2 A_{\mathrm{p}}}{\partial t^2}+\frac{\alpha_{\mathrm{p}}}{2}A_{\mathrm{p}}=i\gamma_{\mathrm{p}}[\left|A_{\mathrm{p}}\right|^2+(2+\delta_{\mathrm{R}}-f_{\mathrm{R}})\left|A_{\mathrm{s}}\right|^2]A_{\mathrm{p}}-\frac{g_{\mathrm{p}}}{2}\left|A_{\mathrm{s}}\right|^2 A_{\mathrm{p}}$$

$$\frac{\partial A_{\mathrm{s}}}{\partial z}+\frac{1}{\upsilon_{\mathrm{gs}}}\frac{\partial A_{\mathrm{s}}}{\partial t}+\frac{i\beta_{2\mathrm{s}}}{2}\frac{\partial^2 A_{\mathrm{s}}}{\partial t^2}+\frac{\alpha_{\mathrm{s}}}{2}A_{\mathrm{s}}=i\gamma_{\mathrm{s}}[\left|A_{\mathrm{s}}\right|^2+(2+\delta_{\mathrm{R}}-f_{\mathrm{R}})\left|A_{\mathrm{p}}\right|^2]A_{\mathrm{s}}-\frac{g_{\mathrm{s}}}{2}\left|A_{\mathrm{p}}\right|^2 A_{\mathrm{s}}$$

$$(5.9)$$

式中，下标 p 和 s 分别表示拉曼泵浦光和信号光，g 表示拉曼增益系数，δ_{R} 表示拉曼散射带来的折射率变化，f_{R} 表示小数拉曼增益，$(2+\delta_{\mathrm{R}}-f_{\mathrm{R}})$ 表示交叉相位调制因子。

研究存在光纤拉曼放大情况下的 MI，可直接采用分步傅里叶算法对振幅耦合方程组进行求解。但是直接求解比较复杂且耗时，故提出一种新的理论模型。考虑到 MI 的增益带宽一般是几十 GHz，相比于拉曼增益谱来说非常窄，因此在整个 MI 增益带宽内，可近似认为拉曼泵浦光对信号光的增益系数是相同的。所以可以把存在光纤拉曼放大情况下的 MI 理论模型分两步：首先不考虑 MI 影响，利用稳态拉曼放大的仿真算法计算出信号光功率沿光纤的分布，这将作为第二步的初始条件之一，然后把非线性薛定谔方程修正为：

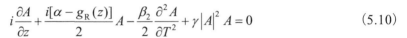
$$i\frac{\partial A}{\partial z}+\frac{i[\alpha-g_{R}(z)]}{2}A-\frac{\beta_{2}}{2}\frac{\partial^{2}A}{\partial T^{2}}+\gamma|A|^{2}A=0 \tag{5.10}$$

式(5.10)包含了拉曼增益项 $g_{R}(z)$，$g_{R}(z)$ 根据第一步计算出的信号光功率沿光纤的分布计算得到。采用分步傅里叶算法对方程(5.10)进行数值求解，便可得到存在光纤拉曼放大情况下的 MI 结果。

2. 数值仿真

采用上述理论模型做进一步的数值仿真，仿真参数设置如表 5.3 所示。

表 5.3　数值计算调制不稳定性的参数设定

仿真参数	数值
光纤长度	49.35km
拉曼泵浦波长	1455nm
信号光波长	1550.1nm
背景噪声	−160dBm/Hz
非线性系数(γ)	$1.8\times10^{-3}\mathrm{W}^{-1}\mathrm{m}^{-1}$
群速度色散系数(β_{2})	$-21\times10^{-27}\mathrm{s}^{2}\mathrm{m}^{-1}$

定义输出信号光谱中两个对称旁瓣带宽内的光功率占输出信号光总功率的比值为旁瓣功率比。图 5.30 给出了不同拉曼泵浦机制和不同拉曼泵浦功率下，输出信号光旁瓣功率比随输入信号光峰值功率的变化规律。

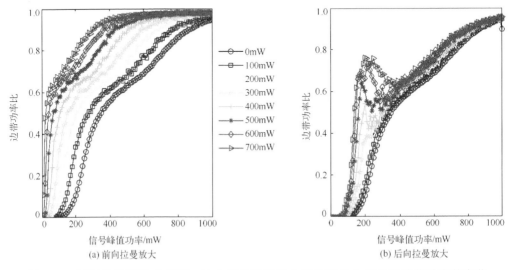

图 5.30　不同拉曼泵浦功率下，输出信号光旁瓣功率比随输入信号光峰值功率的变化

从图 5.30 可以看出，当输入信号光峰值功率固定的时候，无论是前向拉曼放大还是后向拉曼放大，旁瓣功率比都会随着拉曼泵浦光功率的增大而增大。对于前向拉曼放大的情形，特定的拉曼泵浦光功率下，旁瓣功率比首先随着输入信号光峰值功率的增大而迅速增加，并且拉曼泵浦光功率越大增长速率越快。但是，当输入信号光峰值功率增大到一定程度后，比如对于 100mW 拉曼泵浦的情形对应 400mW，旁瓣功率的增长速率开始变得缓慢。这主要是由两个因素导致的：首先，当输入信号光峰值功率增大到一定程度后，信号光的能量已经很大程度上转换到 MI 旁瓣内，当输入信号光峰值功率进一步增大时，旁瓣功率比会更加地接近饱和点。其次，当输入信号光增大到一定程度后，信号光对拉曼泵浦光的消耗作用越来越明显，这会导致拉曼增益变小从而使得旁瓣功率比增长速率变慢。

对于后向拉曼放大的情形，只要输入信号光的峰值功率低于～100mW，无论拉曼泵浦光功率如何变化，旁瓣功率比始终保持在很低的水平，这意味着 MI 基本没有发生。导致这一现象的主要原因是后向拉曼放大的泵浦机制，即对于后向拉曼放大，信号光和拉曼泵浦光分别从光纤的两端入射，由于光纤的传输损耗，在信号光输入端泵浦光功率很弱，在泵浦光输入端信号光功率很弱。因此当输入信号光峰值功率小于 100mW 时，在整个光纤上信号光都不会发生 MI。当输入信号光泵浦功率继续增大时，后向拉曼放大的旁瓣功率比和前向拉曼放大情况有着类似的变化规律。

正如图 5.30 所示，当输入信号光峰值功率超过某特定功率后，旁瓣功率比会随着输入信号光峰值功率的增加而迅速增加，这意味着 MI 具有很强的阈值特性。根据上面分析和图 5.30 的结果，定义 MI 阈值为旁瓣功率比等于 10%时的输入信号光峰值功率。图 5.31 给出了两种拉曼泵浦机制下 MI 阈值随拉曼泵浦光功率的变化关系。

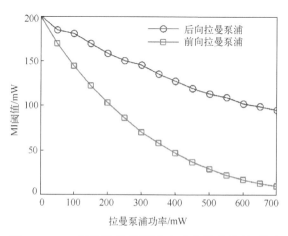

图 5.31　MI 阈值随拉曼泵浦光功率的变化关系图

由图 5.31 可知,无论是前向拉曼放大还是后向拉曼放大,MI 阈值都会随着拉曼泵浦光功率的增加而降低。这很好地说明了拉曼放大有助于 MI 的发生即降低 MI 阈值。但是对于两种不同的拉曼泵浦机制,还是有一些不同的结果。对于前向拉曼放大的情形,随着拉曼泵浦光功率的增大,MI 阈值很快降低到一个很低的值,比如对于 400mW 的前向拉曼放大,阈值已经低于 50mW。对于后向拉曼放大的情形,随着拉曼泵浦光功率的增大,MI 阈值降低较为缓慢,比如,即使对于 700mW 的反向拉曼放大,阈值仍在 100mW 附近。在同样的拉曼泵浦光功率条件下,采用前向拉曼放大的远程光纤系统有着更低的 MI 阈值,而采用后向拉曼放大的远程光纤系统更难以发生 MI。因此,如果出于抑制 MI 考虑,后向拉曼放大系统更适于远程光纤传输系统。

3. 实验研究

为了验证上一节中提出的理论模型,搭建了研究拉曼光放大系统中 MI 的实验系统,其结构如图 5.32 所示。波长为 1550.1nm 的窄线宽分布反馈式半导体激光器(DFB-LD)作为信号光光源。信号光经过声光晶体调制器(AOM)被调制为脉冲光。掺铒光纤放大器和滤波器(Filter)分别被用作放大脉冲信号光和滤除掺铒光纤放大器带来的放大的自发辐射噪声(ASE)。可调光衰减器(VOA)用于调节入射到传输光纤的信号光功率。相位调制器(PM)被用来抑制 SBS 的发生。声光晶体调制器和相位调制器被一个任意波形发生器(AWG)所驱动,其中声光晶体调制器的驱动信号为脉宽 100ns、重频 200kHz 的脉冲信号,相位调制器的驱动信号为正弦信号(信号频率和幅度根据具体的实验条件而调整)。信号光被一个耦合比为 1/99 的耦合器分为两束,1%的分支被用作监测输入信号光的功率,99%的分支和波长为 1455nm 的拉曼泵浦光以同向或者反向传播的方式通过波分复用器

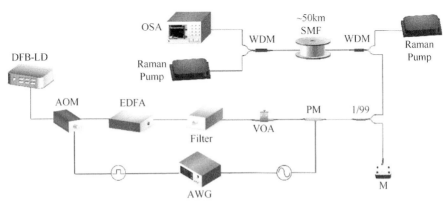

图 5.32 研究光纤拉曼放大系统中 MI 的实验装置图

（WDM）入射到长度为 49.35km 的单模光纤（SMF）中。光谱仪（OSA）用于记录输出的信号光光谱。

　　基于上面的分析，前向拉曼放大的情形更容易激发 MI，因此采用前向拉曼放大系统做了初步的实验验证工作。实验系统的输出光谱和对应的仿真结果如图 5.33 所示。输入信号光的峰值功率为 100mW，前向拉曼泵浦光为 100mW、214mW、310mW 和 383mW，分别对应图 5.33 中的 (a)、(b)、(c) 和 (d)。由图 5.33 可知四种情形下实验结果和数值计算结果均吻合得很好，尤其体现在 MI 的峰值增益和增益带宽上。当拉曼泵浦光功率增大时，MI 的峰值增益会变大、增益带宽会展宽。在 MI 增益带宽外，实验结果均大于数值计算结果，这尤其体现在拉曼泵浦功率较低的两种情形，这是由光谱仪的探测极限导致的。在拉曼泵浦光功率较小的情况下，MI 增益带宽外的信号光强度远远低于光谱仪的探测极限。

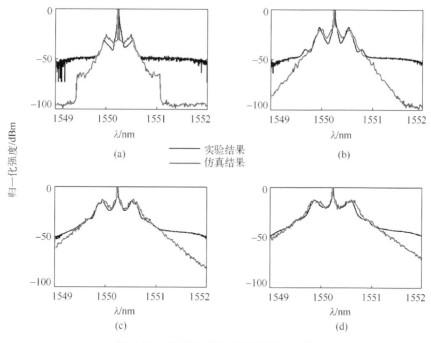

图 5.33　拉曼光放大系统的输出光谱

　　图 5.34 给出了在不同的前向拉曼泵浦光功率下，输出信号光旁瓣功率比随输入信号光峰值功率变化的实验和数值计算结果。正如图 5.34 所示，数值计算结果和实验结果吻合得很好，旁瓣功率比随着输入信号光峰值功率和拉曼泵浦光功率的增长而增长。当拉曼泵浦功率相对较小时，比如 109mW 和 215mW，直到输入

信号光峰值功率到达 100mW 前 MI 都基本不发生。当拉曼泵浦光足够大时，比如实验中的 385mW，MI 在输入信号光峰值功率很弱的情况下都很容易发生。这些分析都和上一节给出的理论仿真结果是一致的。

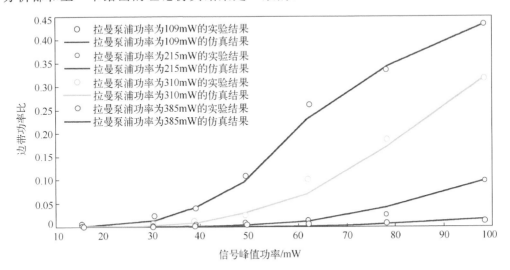

图 5.34   不同前向拉曼泵浦功率下输出信号光旁瓣功率比随输入信号光峰值功率的变化

5.3   远程光纤水听器系统实际应用

5.3.1   远程光纤水听器系统构成

基于前文对远程光纤水听器系统中非线性效应与光放大技术的研究，本节设计一套 100km 无中继传输的远程光纤水听器系统。该系统由干端机、传输光纤和光纤水听器阵列三部分组成。图 5.35 给出采用 8 重时分和 16 重波分混合复用的 128 基元光纤水听器阵列系统结构图，该阵列规模可通过增加复用数进一步扩展。干端机主要包括光信号发射模块与光电信号探测与解调模块，传输光纤由下行 100km 与上行 100km 普通单模光纤组成，光纤水听器阵列包括 128 基元的光纤水听器探头。

该实际系统综合应用了第 3 章提出的相位调制和光频调制方法抑制远程光纤传输导致的 SBS，同时应用了第 4 章提出的相干种子注入方案抑制远程光纤传输导致的 MI，并且还使用了前向和后向拉曼光放大结构补偿远程光纤传输和大规模阵列中引入的光功率损耗，可有效满足远程光纤水听器系统的探测性能要求。

第5章　远程光纤水听器系统非线性效应综合分析

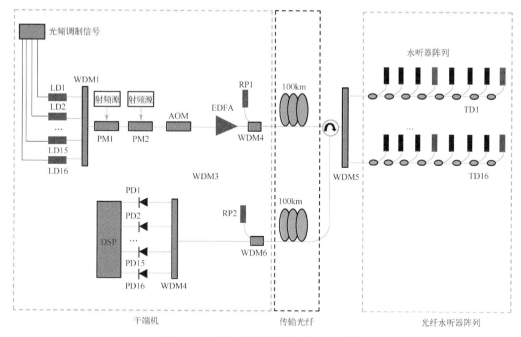

图 5.35　无中继远程光纤水听器系统

1．光发射模块

光发射模块主要包含 16 波长光源、波分复用器、相位调制器、声光调制器、射频源、掺铒光纤放大器、拉曼光放大泵浦源等器件。其中，光源由 16 台窄线宽分布反馈式半导体激光器组成，每一台的最大输出功率均为 10dBm，线宽均小于 10kHz，工作波长符合波分复用的国际电信联盟标准(ITU)，波长范围为 1534.2～1558.1nm，波长间隔为 1.6nm，对应的 ITU 信道为 CH24～CH54。16 台光源受到正弦光频调制以产生 PGC 调制载波，同时该光频调制还可有效抑制 SBS。第一台相位调制器对传输光进行频率为几百 MHz 的相位调制以抑制 SBS，相位调制参数选择可参照 3.4 节内容，其中相位调制幅度决定了 SBS 抑制比，相位调制频率需根据前文所述的参数匹配条件进行选取。第二台相位调制器产生频差为几十 GHz 的相干种子光实现远程光纤传输过程中的自发 MI 抑制，调制参数的选择可参照 4.4 节内容，相位调制频率应选择在 MI 峰值增益附近。声光调制器产生周期性矩形脉冲，应保证脉冲功率稳定并具有较窄的上升下降沿。掺铒光纤放大器将 16 波长光脉冲放大至所需功率，两个拉曼光放大泵浦源(RP1、RP2)分别对下行与上行传输光纤提供分布式拉曼放大，构成双向拉曼放大结构。系统中每个拉曼泵浦源均包含 4 台不同波长的高功率半导体激光器，其波长和最大输出功率信息如表 5.4 所示，通过调节不同波长激光器的输出功率可控制拉曼增益大小并调节不同波长信号光增益平坦度。

表 5.4 拉曼泵浦光源的参数表

拉曼光源编号	波长/nm	最大功率/mW
Raman 1	1430	500
Raman 2	1435	500
Raman 3	1455	500
Raman 4	1465	500

2. 光纤水听器阵列

如图 5.35 所示，通过 16 重波分与 8 重时分混合复用可构成 128 基元远程光纤水听器阵列系统。其中 16 个不同波长的信号光通过同 1 根 100km 光纤远程传输至光纤水听器阵列端，并通过解波分复用器分为 16 束，分别进入 16 个 8 重时分复用光纤水听器子阵。其中 8 重时分复用光纤水听器子阵的详细结构如 1.3.3 节中图 1.13 所示。16 个 8 时分复用光纤水听器子阵的输出信号分别通过波分复用器合为一束，通过 100km 光纤远程传输至干端机。这样，本方案通过 1 对光纤实现 128 基元光纤水听器复用。当然，在实际应用也可综合采用时分、空分、波分等复用技术构成人规模阵列，且时分、空分或波分复用数也可根据实际需要进一步扩大，进一步提升系统复用效率与规模。

3. 光电信号探测与解调模块

光电信号探测与解调模块主要包括解波分复用器、16 路光电探测器及光电信号处理模块 (DSP)。解波分复用器将返回的光纤水听器阵列中 16 波长信号从 100km 上行光纤中分别下载并注入 16 路光电探测器进行探测，光电信号处理模块完成 128 基元光纤水听器信号解调。

5.3.2 远程光纤水听器系统非线性效应分析

远程光纤水听器系统中常见的非线性效应包括 SBS、MI、SRS 和 FWM 等。各类非线性效应由于作用机理与阈值不同，对远程光纤水听器系统性能的影响也不同。其中 SBS、MI 和 SRS 具有明显的阈值特性，是远程光纤水听器系统传输功率的主要限制因素。而由 FWM 产生的新频率光与原信道光的拍频一般大于系统所用探测器带宽，其引入的噪声被自然滤除，同时在系统设计时经常保证不同波长的光脉冲在不同时刻传输，也抑制了 FWM 带来的影响，故本书并未对 FWM

第5章 远程光纤水听器系统非线性效应综合分析

的影响做过多分析[6]。综上所述，本节主要针对 SBS、MI 和 SRS 这三种非线性效应对系统的影响及抑制做一个全面分析。

SBS 阈值最低，是远程光纤水听器系统中最易发生、影响也最显著的一种非线性效应。SBS 发生时，引起传输功率大量损耗，且造成系统相位噪声急剧增大[7]。由于 SBS 具有明显的阈值特性，故对于一般的远程光纤水听器系统而言，SBS 阈值是系统最大输入功率的主要限制因素。采用相位调制与光频调制可以有效抑制 SBS，但需要结合光纤水听器系统特点对这两种方法进行改进，比如采用第 3 章提出的光相位调制与解调方法、参数匹配干涉方法等，这些改进方法有效抑制了系统相位噪声，对提升远程光纤水听器系统探测性能意义重大。将相位调制与光频调制相结合，可以对远程光纤水听器系统中 SBS 进行充分抑制，使系统中 SBS 不再是系统功率的限制因素[8]。

在 SBS 得到有效抑制的情况下，MI 与 SRS 成为远程传输光纤中另外两种可能发生的非线性效应。MI 由光纤色散与非线性效应共同作用产生，SRS 由光子与光学声子相互作用产生。由于 SRS 与 MI 的响应时间很短（小于 ps 量级），故在采用 ns 量级脉冲宽度的远程光纤水听器系统中，SRS 与 MI 阈值主要与脉冲峰值功率有关，这跟 SBS 与脉冲平均功率有关是不同的。在远程传输光纤中，SRS 理论阈值约为 700mW，由于走离效应的存在，实际 SRS 阈值可高达 1.5W，而 MI 阈值约 200mW，故当增加系统输入功率时，MI 总是先于 SRS 发生。即在 SBS 得到充分抑制的情况下，MI 成为远程光纤水听器系统最大输入功率的主要限制因素。MI 一旦发生，光纤中前向传输光放大 MI 增益带宽内的 ASE 噪声，并产生对称的频谱旁瓣，导致系统相位噪声急剧增加，系统探测灵敏度急剧下降，故系统输入功率必须严格控制在 MI 阈值以下。

若从进一步增加光纤传输距离的角度考虑，系统输入功率有可能超过 MI 阈值，此时可采用第 4 章提出的相干种子注入方案。该方案在传输光纤中激发感应 MI，实现自发 MI 的有效抑制，从而有效提升传输光相干度与光纤水听器信号的干涉可见度，降低系统相位噪声，最终提升系统最大输入功率和传输距离。

最后需要强调，设计一个实用的远程光纤水听器系统，需要综合考虑系统的光放大和非线性问题，尤其是需要结合系统结构特点，创新提出和应用各种非线性效应的抑制方法，如本书第 3 章针对 SBS 的光相位调制与解调方法、参数匹配干涉方法，以及第 4 章针对 MI 的相干种子注入方法，都是结合实际系统应用做出的有益尝试，并已取得了非常好的效果，对于远程光纤水听器系统的设计和应用都具有巨大的参考意义。

5.3.3　远程光纤水听器系统性能

由于光纤水听器系统主要通过检测水声信号导致的光相位变化来实现水声传感，故相位噪声是决定系统性能的关键指标。在实际部署的远程光纤水听器阵列系统中，光信号传输与大规模光纤水听器阵列带来巨大的光功率损耗，故低噪声光放大技术必不可少；另一方面，如本书前文所述，光功率增大引入的非线性效应使系统性能严重恶化，非线性效应的抑制是远程光纤水听器系统应用中的关键问题。在实际系统设计过程中，需在增大信号光传输功率与抑制非线性效应之间保持平衡，在提升系统光功率的同时实现非线性效应的有效抑制。

在 100km 下行光纤部分，为有效增大下行光功率，系统采用 EDFA 和分布式拉曼混合放大方案进行光放大。利用 EDFA 对 16 个波长的光脉冲进行功率放大，控制 100km 下行光纤的输入光信号功率；同时，拉曼泵浦光源对下行 16 波光信号进行分布式拉曼放大，对下行光信号进行分布式功率补偿，进一步提升注入光纤水听器阵列的光信号功率。在这种情况下，由于 100km 下行光纤中光功率较强，虽然信噪比较高，但极易发生各类非线性效应。故在实际系统中需要对下行光纤中的非线性效应进行重点关注，从而在光功率最大化的同时实现低噪声光传输。为避免下行光产生非线性效应，采用第 3 章中提出的方法，利用"相位调制+光频调制"的方法对系统 SBS 进行有效抑制，该方法对下行光纤中后向布里渊散射光抑制效果如图 5.36 所示。可以看出，当同时开启相位调制与光频调制时，光纤中的后向布里渊散射光可得到充分抑制。

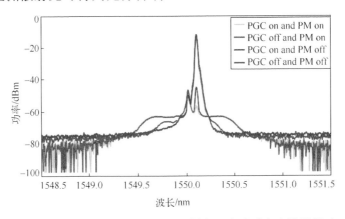

图 5.36　相位调制(PM)与光频调制(PGC)对后向光谱的影响

在 100km 上行光纤部分，光纤水听器阵列返回的光信号已经较为微弱，各类非线性效应的影响很小，此时需重点关注如何实现低噪声的光信号放大。系统中

第5章　远程光纤水听器系统非线性效应综合分析

利用后向拉曼泵浦对上行光信号进行分布式放大，并利用低噪声 EDFA 对上行光纤的输出光进行功率放大，从而对 100km 上行光纤中的传输光信号进行了有效的功率补偿。在实际系统中，需对拉曼泵浦源与 EDFA 参数进行精细设计，最终实现低噪声的光放大效果。

由于系统中采用了 16 重波分复用，保持系统中各波长光信号的功率均衡是一个需重点考虑的问题。在光发射端，EDFA 对 16 个波长的光信号进行放大，同时拉曼泵浦光在 100km 下行光纤中对 16 个波长的光信号进行分布式放大。由于 EDFA 和拉曼增益谱在系统使用的波长范围内增益不平坦，故需要对 EDFA 和拉曼泵浦光分别进行设计。通过调节 EDFA 的泵浦波长与增益系数、调整 16 个波长的光信号输入功率，可实现 EDFA 的增益平坦。通过选取多个不同波长的拉曼泵浦源，利用 5.2 节中描述的方法可实现拉曼增益平坦设计。此外，由于 100km 上行光纤中各波长光功率不仅受到光传输过程的影响，还受到光纤水听器阵列损耗的影响，故系统中各波长光功率不均衡的问题将更加突出。为解决该问题，一方面需要对光纤水听器阵列进行工艺改进以提升功率一致性，另一方面需进一步结合 EDFA 与拉曼泵浦光调节，最终实现各波长光信号的功率均衡。

将系统输入功率控制在 MI 阈值以下，采用本书提供的方法对系统 SBS 进行抑制并优化设计，在一个 100km 远程无中继光纤水听器阵列系统中，测得其中一个传感通道的典型相位噪声功率谱如图 5.37 所示，系统相位噪声约−93dB re 1rad/$\sqrt{\text{Hz}}$ @1kHz。

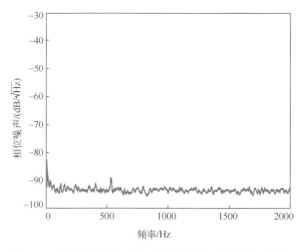

图 5.37　远程无中继光纤水听器阵列系统的相位噪声

进一步将系统输入功率提升至 MI 阈值以上，此时 MI 的发生将导致系统相位噪声激增。在 SBS 抑制基础上，再利用相干种子注入方案对自发 MI 进行抑制，可进一步提升系统信噪比并降低相位噪声。

在一个 100km 无中继远程光纤水听器系统中，实现自发 MI 抑制情况下，其中一个传感通道相位噪声功率谱如图 5.38 所示，相位噪声进一步降低至约−96dB re 1rad/$\sqrt{\text{Hz}}$@1kHz。

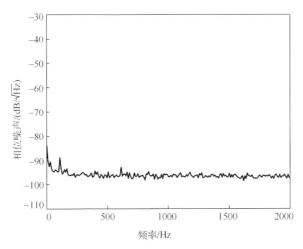

图 5.38　远程无中继光纤水听器阵列系统(MI 抑制)相位噪声

需要说明的是，本书虽然主要针对远程无中继光纤水听器阵列系统展开论述，但其关于非线性效应的相关结论与抑制方法也适用于中继放大系统。目前，远程光纤水听器系统的中继放大距离一般限制在 50～75km，各类非线性效应的存在限制了中继传输功率。如果对中继系统中非线性效应进行有效抑制，将可有效延长中继距离，从而有效扩大远程光纤水听器系统的覆盖面积与阵列规模。

参 考 文 献

[1] Holland J H. Genetic algorithms and the optimal allocation of trials[J]. SIAM Journal on Computing, 1973, 2(2): 88-105.

[2] Zhang C, Wang H P. Mixed-discrete nonlinear optimization with simulated annealing[J]. Engineering Optimization, 1993, 21(4): 277-291.

[3] Liang X B, Wang J. A recurrent neural network for nonlinear optimization with a continuously differentiable objective function and bound constraints[J]. IEEE Transactions on Neural Networks, 2000, 11(6): 1251-1262.

[4]　Agrawal G P. Nonlinear Fiber Optics[M]. Beijing: Publishing House of Electronics Industry, 2002.

[5]　Sun S, Hu X, Chen M, et al. Effect of Raman amplification on the modulation instability threshold[J]. Optical Engineering, 2018, 57(3): 036102.

[6]　陈伟. 远程干涉型光纤传感系统非线性效应影响及其抑制技术研究[D]. 长沙: 国防科技大学, 2013.

[7]　Chen W, Meng Z, Zhou H J, et al. Stimulated Brillouin scattering-induced phase noise in an interferometric fiber sensing system [J]. Chinese Physics B, 2012, 21(3): 034212.

[8]　胡晓阳, 远程干涉型光纤传感系统 SBS 及相位噪声抑制技术研究 [D]. 长沙: 国防科技大学, 2014.